防汛抢险技术系列丛书

# 堤防工程抢险

山东黄河河务局　编

黄河水利出版社

·郑州·

## 内 容 提 要

本书共分6章32节。在参阅了大量的历史参考文献、吸收和借鉴近期大江大河抗洪抢险实践经验和最新研究、创新成果的基础上,重点对堤防工程常见险情抢护、水闸常见险情抢护和堤防工程堵口技术等进行了系统的研究,提供了可用于堤防工程抢险实际工作的技术和对策。

本书可作为青年水利工作者、防汛队伍技术培训、业务学习的教科书和工具书,同时也可作为各级行政首长和从事防汛工作的技术人员学习堤防工程抢险技术知识的读物。

**图书在版编目(CIP)数据**

堤防工程抢捡/山东黄河河务局编. —郑州:黄河水利出版社,2015.4
(防汛抢险技术系列丛书)
ISBN 978 - 7 - 5509 - 1070 - 6

Ⅰ.①堤… Ⅱ.①山… Ⅲ.①堤防抢险 Ⅳ.①TV871.3

中国版本图书馆 CIP 数据核字(2015)第 068835 号

出 版 社:黄河水利出版社
   地址:河南省郑州市顺河路黄委会综合楼14层 邮政编码:450003
发行单位:黄河水利出版社
   发行部电话:0371 - 66026940、66020550、66028024、66022620(传真)
   E-mail:hhslcbs@126.com
承印单位:河南省瑞光印务股份有限公司
开本:787 mm × 1 092 mm 1/16
印张:15.75
字数:242 千字      印数:1—3 000
版次:2015 年 4 月第 1 版    印次:2015 年 4 月第 1 次印刷

定价:40.00 元

# 序 言

　　人类的发展史，究其本质就是人类不断创造发明的进步史，也是人与自然灾害不断抗争的历史。在各种自然灾害中，洪水灾害以其突发性强、破坏力大、影响深远，成为人类经常遭受的最严重的自然灾害之一，古往今来都是人类的心腹大患。我国是洪水灾害多发的国家，严重的洪水灾害对人民的生命财产构成严重威胁，对社会生产力造成很大破坏，深深影响着社会经济的稳定和发展，特别是大江大河的防洪，更是关系人民生命安危和国家盛衰的大事。

　　我国防汛抗洪历史悠久，远古时代就有大禹治水的传说。几千年来，治河名家、学说不断涌现，各族人民前赴后继，和洪水灾害进行了持续不懈的抗争，取得了许多行之有效的宝贵经验，也经历过惨痛的历史教训，经不断地探索和总结，逐步形成了较为完善的防汛抗洪综合体系。特别是新中国成立后，党和政府高度重视江河治理和防汛抗洪工作，一方面通过加高加固堤防、河道治理、修建水库、开辟蓄滞洪区等工程措施，努力提高工程的抗洪强度；另一方面，大力加强防洪非工程措施建设，搞好防汛队伍建设，落实各项防汛责任制，严格技术培训，狠抓洪水预报、查险抢险和指挥调度三个关键环节，战胜了一次又一次的大洪水，为国民经济的发展奠定了坚实基础。但同时也应看到，我国江河防御洪水灾害的整体水平还不高，防洪工程存在着不同程度的安全隐患和薄弱环节，防洪非工程措施尚不完善，防洪形势依然严峻，防汛抗洪工作仍需常抓不懈。

　　历史经验告诉我们，防御洪水灾害，一靠工程，二靠人防。防洪工程是防御洪水的重要屏障，是防汛抗洪的基础，地位十分重要；防汛抢险则是我们对付洪水的有效手段，当江河发生大洪水时，确保防洪安全至关重要的一个环节是能否组织有效防守，认真巡堤查险，及早发现险情、及时果断抢护，做到"抢早、抢小"，是对工程措施的加强和补充。组织强大的

防汛抢险队伍、掌握过硬的抢险本领和先进的抢险技术,对于夺取抗洪抢险的胜利至关重要。

　　前事不忘,后事之师。为全面系统地总结防汛抗洪经验,不断提高防汛抢险技术水平,山东黄河河务局于2010年10月成立了《防汛抢险技术系列丛书》编辑委员会,2013年6月、2014年6月又根据工作需要进行了两次调整和加强,期间多次召开协调会、专家咨询会,专题研究丛书编写工作,认真编写、修订、完善,历经4年多,数易其稿,终于完成编撰任务,交付印刷。丛书共分为《堤防工程抢险》《河道工程抢险》《凌汛与防凌》《防汛指挥调度》四册。各册分别从不同侧面系统地总结了防汛抗洪传统技术,借鉴了国内主要大江大河的成功经验,同时吸纳了近期抗洪抢险最新研究成果,做到了全面系统、资料翔实、图文并茂,是一套技术性、实用性、针对性、可操作性较强的防汛抗洪技术教科书、科普书、工具书。丛书的出版,必将为各级防汛部门和技术人员从事防汛抗洪工作,进行抗洪抢险技术培训、教学等,提供有价值的参考资料,为推动防汛抗洪工作的开展发挥积极作用。

2015年2月

# 前　言

　　我国是洪水灾害多发的国家,特别是大江大河的洪水,历来就是中华民族的心腹大患,严重的洪水灾害对社会生产力造成了很大破坏,深深影响着社会、经济的发展。我国人民在长期与洪水灾害不懈的斗争中,不断探索,勇于实践,逐渐形成了系统的抗洪抢险理论体系。特别是新中国成立以后,党和政府高度重视江河治理和防洪建设,通过不懈努力,逐步建立了较为完善的防洪工程体系和防洪非工程措施体系,为夺取历年抗洪抢险的胜利立下了不朽功勋。被称为"中国之忧患"的黄河,实现了60余年伏秋大汛岁岁安澜,彻底改变了过去"三年两决口"的不利局面;长江、淮河、海河、松花江等主要江河的防洪标准与防洪减灾能力也都大幅提高,在历年的抗洪抢险中取得了辉煌的成绩,有力地保障了人民生命财产安全。但是,由于自然、社会和经济条件的限制,我国现有的防洪减灾能力仍较低,江河和城市防洪标准普遍偏低,不能适应社会、经济迅速发展的要求,防洪减灾仍是我国一项长期而艰巨的任务。

　　为了更好地继承堤防工程抢险技术,总结抗洪抢险技术经验,提高防汛队伍抢险技术水平,山东黄河河务局组织编写了这本《堤防工程抢险》。本书立足通俗易懂、服务大众的指导思想,力求打造成为青年水利工作者、防汛队伍技术培训、业务学习的教科书、工具书,同时也可作为各级行政首长和从事防汛工作的技术人员掌握防汛抢险知识的读物。本书参阅了大量的历史参考文献,注重继承传统防汛抢险技术,同时吸收和借鉴了近年来全国大江大河的抗洪抢险实践经验和最新研究、创新成果,力求创新,全面、系统地讲述了各类堤防工程抢险技术方法。

　　为编好本书,山东黄河河务局主要领导和分管领导多次主持召开协调会、咨询会,制定编写大纲,明确责任,落实分工,并多方面征求专家的意见。本书由陈海峰担任主编,薛庆宇担任副主编。全书共分6章32节,主要内容包括洪水与其灾害、堤防工程概况、堤防工程巡堤查险、堤防工程常见险情抢护、水闸常见险情抢护和堤防工程堵口技术等。其中,第

一章由路芳编写,第二章、第三章由陈宪军编写,第四章由戴明谦、王兆忠、陈宪军编写,第五章由薛庆宇编写,第六章由火传斌编写,书中插图由陈宪军、王恺绘制。在本书编写过程中,石德容、王曰中、张明德、李祚谟、刘洪才、任汝信、刘恩荣、许万智、高庆久、张金水、王志远等专家对书稿进行了认真审阅,提出了许多宝贵意见,在此谨表示衷心的感谢。

由于大江大河防汛抢险情况复杂,加上编者水平有限,书中难免有不当或谬误之处,敬请读者批评指正。

编 者

2015 年 2 月

# 目 录

# 第一章　洪水与其灾害

　　洪水是一种自然水文现象,一般来势迅猛,具有很大的自然破坏力,常造成土地淹没、水工建筑物毁坏,甚至堤防决口、河流改道,威胁沿河、滨湖、近海地区人民的生命财产安全和正常的社会生活,影响国民经济的发展,甚至国家的兴衰。

　　洪水灾害历来都是中华民族的心腹之患。我国地域辽阔,地形复杂,年降雨量集中,江河的防洪标准仍然较低,水土流失、生态环境恶化等问题还较严重,大部分地区都不同程度地受到洪水灾害的威胁。洪水灾害涉及范围广、发生频繁,给人类带来的损失大,具有突发性强、来势猛、成灾快等特点。特别是我国各大江河中下游 100 多万 km$^2$ 的国土面积,集中了全国半数以上的人口和 70% 的工农业产值,这些地区地面高程不少处于江河洪水水位以下,地区安全依靠 30 余万 km 长的堤防保护,防洪问题尤为严重。

## 第一节　洪水概念

　　洪水一词,在中国出自先秦《尚书·尧典》。《中国水利百科全书》把洪水定义为"河流中在较短时间内发生的水位明显上升的大流量水流",通常是指由暴雨、急骤融冰化雪、风暴潮等自然因素引起的江河湖海水量迅速增加或水位迅猛上涨,超过常规水位的水流现象。一般所说的洪水是指河流洪水,除河流洪水外,还有湖泊洪水、海岸洪水等。

　　河流洪水按其形成的原因,分为暴雨洪水、融雪洪水、冰凌洪水、溃坝溃堤洪水等。除上述四种洪水外,山洪和泥石流也属于洪水的范围。黄河上的洪水指暴雨洪水和冰凌洪水两种。

　　暴雨洪水是暴雨经过坡面漫流、河道汇流而形成的洪水。我国位于世界上最大的海洋与最大的陆地之间,大部分地区处于季风气候区,降水量主要集中在夏季,常发生大强度暴雨,暴雨所形成的洪水是我国出现最

多、危害最大的洪水。黄河上的洪水多为暴雨形成的洪水。1958年7月黄河发生特大暴雨,暴雨区主要集中在三门峡至花园口干流及伊、洛、沁河流域。最大24 h降雨量出现在洛阳河仁村,达到650 mm,形成下游有实测资料以来的最大洪水,花园口站洪峰流量达22 300 m³/s。暴雨洪水因流域汇流条件的差异,形成不同的洪水特点。小河流、大河的支流或局部河段,其流域面积或区间面积较小,坡面及河槽调蓄能力差,暴雨往往形成猛涨猛落的洪峰;大江大河水系复杂,流域面积大,有干支流河道、水库或湖泊的调蓄,各支流的洪水汇集到干流相互叠加,传播到下游时,往往形成涨落平缓、历时较长的大洪水。

冰凌洪水是河流中因冰凌阻塞、水位壅高或槽蓄水量迅速下泄而引起的显著涨水现象。按洪水形成原因,又可分为冰塞洪水、冰坝洪水和融冰洪水。黄河宁蒙河段、山东河段水流流向自南向北,进入冬季,河段下游封冻早于上游,融冰时,上游早于下游。河流封冻后,冰盖下冰花、碎冰大量堆积,堵塞部分河道断面,或者开河时大量流冰在河道内受阻,堆积成横向坝状冰体,造成上游水位壅高,当冰塞、冰坝破坏或堤防溃决时,槽蓄水量很快下泄而形成冰凌洪水。1955年1月黄河利津站以下形成冰坝后,在18 h内利津水位上涨4.29 m,导致堤防决口。据不完全统计,从1875～1938年的63年内,黄河下游因冰凌洪水决口达27次。

# 第二节　暴雨洪水

洪水类型多种多样,如暴雨洪水、融雪洪水、冰凌洪水等,相应的洪水特点与特征值差异明显,即使同一条河流,不同季节发生的洪水,其特征与特点也不尽相同。本节重点分析暴雨洪水的一般特征与黄河洪水的特点。

## 一、暴雨洪水概述

24 h降水总量达到50 mm以上或1 h降雨量超过16 mm的降雨,就称为暴雨(见表1-1)。暴雨洪水按成因可分为雷暴雨洪水、锋面暴雨洪水、低涡暴雨洪水以及台风暴雨洪水四种。造成我国大暴雨的主要天气系统有如下几种:台风暴雨、梅雨锋暴雨、低涡暴雨、低槽冷锋暴雨、锋前暖区暴雨、热带云团暴雨等。暴雨洪水的特点除受暴雨成因类型的影响外,与暴雨的中心、移动路径以及时空分布都有关系,同时受流域下垫面条件的约束。我国地域辽阔,各河流所处的地理位置差别很大,气候区也很不相同,因此洪水的特点也很不相同,必须根据各河流的条件具体分析。

表 1-1　中央气象台划分降水大小的降水强度标准

| 降水强度 | 小雨 | 中雨 | 大雨 | 暴雨 | 大暴雨 | 特大暴雨 |
|---|---|---|---|---|---|---|
| 24 h 总降雨量（mm） | 0.1～9.9 | 10～24.9 | 25～49.9 | 50～99.9 | 100～249.9 | ≥250 |

暴雨洪水是降雨引起江河水量迅猛增加及水位急剧上涨的自然现象。一场暴雨洪水的发生,从地面产生地表径流,近处的地表径流先到达江河,河水流量开始起涨,水位也相应上涨,随着远处的地表径流陆续到达,河水流量和水位继续增涨,直至大部分高强度的地表径流汇集到达江河时,河水流量达到最大值(峰值)。此后,洪水流量和水位逐渐下降,到暴雨停止后的一段时间,当远处的地表径流和暂时存留在地面、表土、河网中的水量均已流过河流断面时,河水流量及水位回落到接近于原来的状态,这就是一场暴雨洪水从起涨至峰顶到退落的整个过程。

在方格纸上,以时间为横坐标,以江河的水位或流量为纵坐标,可以绘出整个过程曲线,称为洪水过程线,如图 1-1 所示。洪水要素包括三个方面:①洪峰流量(或洪峰水位),即洪水过程线上的最大值;②洪水总量、时段洪量;③洪水历时(或洪水过程线)。

## 二、洪水特征值

洪水特征值就是用来表述洪水大小及其特征的水文要素,在水文观测、传递防洪信息、分析防洪形势、预谋防洪对策、采取抗洪措施、设计防洪工程时都要用到。如果定性地描述,洪水特征值可以表述为特大洪水、大洪水、中常洪水和小洪水等。如果定量地描述,洪水特征值要素比较多,主要有洪峰流量、洪水总量、洪水历时、洪水传播时间、最大含沙量、最高洪水位等,简述如下。

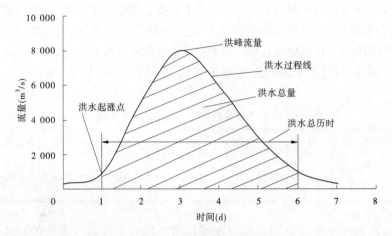

图 1-1　一次洪水流量过程线示意图

**（一）洪峰流量**

流量是指单位时间内通过某一断面的水量，常用单位为 $m^3/s$。在一次洪水过程中，流量有大有小，其中最大的流量称为洪峰流量，它是一种瞬时流量。

**（二）洪水总量**

洪水总量又叫径流总量，是一次洪水通过某一断面的总水量，常用单位为 $m^3$ 或亿 $m^3$。洪水总量一般按照时段长短进行统计，通常有 1 日、3 日、5 日、10 日洪水总量等，一般用时段内平均流量与时段时间长度的乘积计算，如（$m^3/s$）·日或（$m^3/s$）·月等。

**（三）洪水历时**

洪水历时是在河道的某一断面上，一次洪水从开始涨水到洪峰，然后落水到低谷所经历的时间，常用的单位为 h。

**（四）洪水传播时间**

洪水传播时间是洪水自河段上游某断面洪峰出现到下游某断面洪峰出现所经历的时间，常用单位为 h 或 d。不同的洪水传播时间也不同，有的洪水河槽底水少，槽蓄量大，传播时间长；有的洪水流量大，接近平滩流量，传播时间就短。

**（五）最大含沙量**

一次洪水中单位体积浑水中所含悬移质干沙质量的最大值，常用单

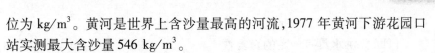

位为 kg/m³。黄河是世界上含沙量最高的河流,1977 年黄河下游花园口站实测最大含沙量 546 kg/m³。

**(六)最高洪水位**

最高洪水位是一次洪水过程中出现的最高水位,常用单位为 m。一般最高洪水位出现的时间与洪峰流量出现的时间是一致的,但是也有不一样的情况。

### 三、暴雨洪水的特点

我国暴雨洪水一般有如下特点。

**(一)季节性明显**

暴雨洪水有明显的季节性,这是由于暴雨发生的时序具有一定的规律,与夏季雨带南北移动、秋季台风暴雨有密切的关系。我国大部分河流的大洪水发生在 7 月和 8 月。南方长江潘阳湖水系及洞庭湖水系的湘江、资水早在 4 月中旬即进入汛期,珠江流域在 5 月上旬进入汛期,东北的松花江、辽河的汛期在 7 月中旬以后,大洪水在 8 月和 9 月。黄河主汛期在 7 月、8 月和 9 月,7 月、8 月为伏汛,9 月为秋汛。

**(二)洪水涨幅大**

一次洪水过程,流量和水位表现都有涨水、峰顶和落水三个阶段。山区河流河道纵比降大,洪水涨落迅猛;平原河流河道纵比降平缓,洪水涨落相对比较缓慢。大河流域面积大,洪水来源多,汇流至干流往往有连续的多个洪峰;而中小河流的洪水多为单峰。持续性降水形成的洪水往往有多次洪峰;孤独暴雨则形成单一洪峰。无论是何种形式的洪峰,其洪峰流量或水位表现的变化幅度都比较大,洪峰流量往往是起涨流量的几倍乃至几十倍。黄河花园口站 1958 年 7 月 15 日 0 时流量仅 2 330 m³/s,至 18 日 0 时流量达 22 300 m³/s,洪峰流量为起涨流量的 9.6 倍。

**(三)洪水年际变化大**

洪水的年际变化极不稳定,变化的幅度很大。黄河花园口站 1991 年最大流量 3 180 m³/s,仅为最大实测流量的 1/7。最大流量的大小,通常用重现期来表示。花园口站在天然条件下千年一遇洪水洪峰为 42 300 m³/s,百年一遇洪水洪峰为 29 200 m³/s;若考虑三门峡、小浪底、陆浑、故县等水库的调节作用,则 1982 年千年一遇洪水流量为 22 500 m³/s、百年

一遇洪水流量为 15 700 m³/s。

**（四）大洪水具有一定的重复性**

大量的历史洪水调查研究发现,我国主要河流的大洪水在时间、空间上具有一定的重复性,这是因为大暴雨的天气形势、降水范围和强度有可能相似,因而暴雨洪水的特征也比较接近。近期发生的重大灾害性洪水,在历史上差不多都可以找到类似的实例。黄河上游 1904 年洪水与 1981 年洪水,中游 1843 年洪水与 1933 年洪水,其气象成因和暴雨洪水的分布都有相似之处。这种重复性现象,说明大洪水的发生有一定的规律,因而通过对历史洪水的研究,可以预示今后可能发生的大洪水情况。

## 四、黄河流域洪水

黄河流域洪水主要是由暴雨形成的,除具有暴雨洪水的一般特点外,还有其独特的情况与特点。

**（一）黄河流域暴雨**

黄河流域处于中纬度地带,冬季受蒙古高压控制,气候干燥严寒,降水稀少。夏季蒙古高压逐渐北移,西太平洋副热带高压的增强、西进北上,使西南、东南气流将大量海洋暖湿空气向北输送,与北方南下的干冷空气不断交汇,形成了大范围降雨。特别是黄河中下游地区 7~8 月,多由南北向切变加低涡形成暴雨,强度大,洪水涨势猛,洪峰高,洪水威胁十分严重。

黄河流域的暴雨主要发生在 6~10 月。开始日期一般是南早北迟、东早西迟。黄河上游的大暴雨,一般以 7 月、9 月出现机会较多,8 月出现机会较少。中游河口镇至三门峡区间(简称河三间),大暴雨多发生在 8 月。三门峡至花园口区间(简称三花间)较大暴雨多发生在 7 月、8 月两月,其中特大暴雨多发生在 7 月中旬至 8 月中旬,有人把这一特点称为"七下八上"。黄河下游的暴雨以 7 月出现的机会最多,8 月次之。

黄河流域的主要暴雨中心地带,上游为积石山东坡;中游为六盘山东侧的泾河中上游,陕西北部的神木一带;三花间的垣曲、新安、嵩县、宜阳以及沁河太行山南坡的济源、五龙口等地。

黄河上游的降雨特点是面积大、历时长,但强度不大。黄河中游河口镇至龙门区间(简称河龙间),经常发生区域性暴雨,其特点为暴雨强度大,历时短,雨区面积在 4 万 km² 以下。龙门至三门峡区间(简称龙三间),泾河上中游的暴雨特点与河龙间相近。渭河及北洛河暴雨强度略小,历时一般 2~3 d,在其中下游,也经常出现一些连阴雨天气,降雨持续时间一般可以维持 5~10 d 或更长,一般降雨强度较小,这种连阴雨天气发生在夏初时,往往是江淮连阴雨的一部分,秋季连阴雨则是我国华西秋雨区的边缘。在特定的天气条件下,河龙间与泾、洛、渭河中上游两地区可同时发生大面积暴雨,这种大面积暴雨还有间隔几天相继出现的现象。三花间暴雨,发生次数频繁,强度也较大,暴雨区面积可达 2 万~3 万 km²,历时一般 2~3 d。

由于黄河流域面积广阔,加之形成暴雨的天气条件也有所不同,上、中、下游的大暴雨与特大暴雨多不同时发生,同属黄河中游的河三间与三花间的大暴雨也不同时发生,这是由于当河三间产生大面积暴雨时,三花间受西太平洋副热带高压控制而无雨或处于雨区边缘,当三花间降大面积暴雨时,青藏副热带高压一般较强,三门峡以上受其控制无雨或雨量不大。有时东西向雨带可贯通渭河、北洛河中下游和三花间,直至大汶河流域,但多属一般暴雨,在少数情况下,也可形成较大暴雨。

近 50 年来,1958 年和 1982 年两次特大暴雨都形成了黄河下游的特大洪水。以 1958 年 7 月 14~19 日大暴雨(简称"58·7"暴雨)为例,暴雨区主要集中在三门峡到花园口黄河干流区及伊、洛、沁河流域。暴雨中心出现在山西桓曲站,6 h、12 h、24 h 雨量分别达 245.5 mm、249 mm、366.6 mm,5 d 总降雨量达 498.6 mm。这次暴雨总的笼罩面积 86 800 km²,由三条南北向的雨带组成。7 月 18 日花园口出现了 22 300 m³/s 的最大流量,一度中断了南北铁路交通。这是三门峡以下有实测资料以来的最大洪水,7 d 洪水总量达 61.11 亿 m³,峰前历时 35 h,平均涨率每小时 480 m³/s,流量在 10 000 m³/s 以上的持续时间为 79 h。

**(二)黄河洪水来源**

黄河上游的洪水主要来自兰州以上,大洪水主要来自贵德以上,贵德以上又以吉迈至唐乃亥区间为主要产洪区。上游汛期的洪水,主要由降雨形成,但也有少部分的融雪水。玛曲至唐乃亥区间的阿尼玛卿山常年积雪,汛期有时有一部分融雪水汇入,融雪水一般占唐乃亥站一次洪水总量的 10% 以下,最大可占 17%。

中游洪水主要来自河龙间、龙三间和三花间。根据实测及历史调查洪水资料分析,花园口站大于 8 000 $m^3/s$ 的洪水,都是以中游来水为主所组成,河口镇以上的上游地区相应来水流量一般为 2 000～3 000 $m^3/s$,只能形成花园口洪水的基流。

黄河下游的洪水有 5 个来源区,即兰州以上地区,河龙间,龙三间,三花间及下游汶河、金堤河流域。较大洪水和大洪水主要来源于河龙间、龙三间和三花间三个地区。上游兰州以上的洪水源远流长,加之河道的调蓄作用和宁夏、内蒙古灌区耗水和水量损失,洪水传播至下游,一般只对下游洪水起抬高基流、加大洪水总量的作用。9 月兰州以上的洪水有时与中游地区秋汛洪水相遭遇,造成黄河下游长历时大流量过程。不同来源区的洪水,形成黄河下游不同类型的洪水。

"上大洪水"指以三门峡以上的河龙间和龙三间来水为主形成的洪水,其特点是峰高、量大、含沙量也大,对黄河下游防洪威胁严重。例如,1843 年调查洪水,三门峡、花园口洪峰流量分别为 36 000 $m^3/s$ 和 33 000 $m^3/s$;1933 年实测洪水,三门峡、花园口洪峰流量分别为 22 000 $m^3/s$ 和 20 400 $m^3/s$。随着三门峡、小浪底水库的建设,这类洪水逐步得到控制。

"下大洪水"指以三门峡至花园口区间干流及支流伊洛河、沁河来水为主形成的洪水,具有洪峰高、涨势猛、洪量集中、含沙量小、预见期短的特点,对黄河下游防洪威胁最为严重。例如,1761 年调查洪水,花园口、三门峡洪峰流量分别为 32 000 $m^3/s$ 和 6 000 $m^3/s$;1958 年实测洪水,花园口、三门峡洪峰流量分别为 22 300 $m^3/s$ 和 6 520 $m^3/s$。

"上下较大洪水"指以三门峡以上的龙三间和三门峡以下的三花间共同来水组成的洪水,如 1957 年 7 月洪水,花园口、三门峡洪峰流量分别为 13 000 $m^3/s$ 和 5 700 $m^3/s$。这类洪水的特点是洪峰较低、历时长、含沙量较小,对下游防洪也有相当威胁。

汶河、金堤河大洪水一般不与黄河大洪水遭遇。但有的年份汶河大洪水与黄河中等洪水遭遇,一旦遭遇,汶河洪水首先进入东平湖,影响黄河洪水向东平湖分洪。

**(三)黄河下游洪水特点**

黄河下游常将一年中的洪水分为桃汛、伏汛、秋汛和凌汛,而伏汛和秋汛往往连在一起称伏秋大汛或称主汛期、大汛期。灾害性的洪水主要是发生在主汛期的暴雨洪水,其具有暴雨洪水的一般性特点,另外还有以下一些独特性的特点。

1. 黄河洪水含沙量高,流量变幅大,水位流量关系曲线复杂

黄河的水位特性,与一般的清水河流不同,因为洪水的含沙量高,水位不仅与流量大小有关,而且与断面冲淤变化有关。在一次洪水过程中,由于泥沙的冲淤变化对水位的影响很明显,特别是高含沙量时,更加明显。例如 1977 年 8 月初的一次洪水,小浪底站的最大瞬时含沙量高达 898 $kg/m^3$,使得花园口以上近百千米河段在洪峰涨水过程中,沿河水位突然降落 $0.7 \sim 1.3$ m。当洪峰继续上涨以后,又引起下游水位陡涨,其中驾部站在 1.5 h 内水位陡涨 2.84 m。

黄河下游在高含沙量洪水时,一般是淤滩冲槽,使得断面变得特别窄深,过水断面减小很多,形成水位涨率大,水位表现高。中下游的干流和一些多泥沙支流,在一次洪水过程中,由于河道断面冲淤变化大,水位流量关系不是单一的曲线关系或简单的绳套关系,而是点群分布很散乱,所做出的关系曲线常常是形状很怪的曲线簇。同一水位对应的流量变化很大,变幅可达 $2 \sim 4$ 倍。这是黄河洪水的一大突出特点,并给黄河下游的洪水预报带来很大困难。

2. 上中下游洪水特征值各有不同

上游洪水过程为矮胖型,即洪水历时长、洪峰低、洪量大。这主要是由上游地区降雨特点和产汇流条件所决定的,上游降雨具有历时长、面积大、强度小的特点,产汇流条件则是草原、沼泽多,河道流程长,调蓄作用大。

中游洪水过程为高瘦型,洪水历时较短,洪峰较高,洪量相对较小。这主要是由于中游地区降雨特点和产汇流条件所决定的,中游降雨具有历时短、强度大的特点,产汇流条件则是沟壑纵横、支流众多,有利于产汇流。中游洪水过程有单峰型,也有连续多峰型。

小浪底水库建成后,威胁黄河下游防洪安全的主要是小浪底至花园口区间的洪水。这个区间的暴雨强度大,主要产洪地区河网密集,有利于汇流,故形成的洪水峰高量大,洪水历时长。一次洪水历时约 5 d,连续洪水历时可达 12 d 之久。

3. 不同地区洪水有遭遇的可能性

黄河上游大洪水可以和中游的小洪水相遇,形成花园口断面洪水,一般洪水历时很长,含沙量较小。

黄河中游的河龙间和龙三间洪水可以相遇,形成三门峡断面峰高量大的洪水过程。如 1933 年洪水为 1919 年陕县有实测资料以来的最大洪水,就是河龙间和龙三间洪水相遇形成的。

黄河中游的龙三间和三花间的较大洪水也可以相遇,形成花园口断面的较大洪水。如 1957 年 7 月洪水,三门峡和三花间较大洪水相遇,形成花园口断面 7 月 19 日洪峰流量 13 000 m³/s 的洪水。与此次洪水对应的渭河华县站 17 日洪峰流量 4 330 m³/s,洛河长水站 18 日洪峰流量 3 100 m³/s。

黄河下游大洪水和汶河的中等洪水可以相遇,下游中等洪水与汶河大洪水可以相遇,干流与汶河的小洪水相遇的机会也很多。

# 第三节　洪水灾害

自古以来洪水给人类带来很多灾难,历史上关于洪水灾害的记载十分频繁。自公元前 206 年到公元 1949 年的 2 155 年间,我国共发生较大洪水灾害 1 029 次,平均每两年一次。新中国成立后,我国开展了大规模的江河治理和水利建设,经过 60 多年的不懈努力,主要江河的中常洪水基本得到控制,减轻了洪水灾害,但由于工程的防洪标准仍然比较低,遇到较大洪水,灾害依然严重。

我国洪水灾害主要集中于东部平原地区,发生在黄河、长江、淮河、海河、辽河、松花江和珠江等七大江河的中下游。

## 一、黄河洪水灾害

### (一)河道迁徙

黄河水少沙多,大量泥沙淤积在下游河道,河床不断抬高,形成了著名的地上悬河。历史上,黄河以"善淤、善决、善徙"而著称。从"禹王故道"到目前的河道,黄河经历了 4 000 多年的历史。其中,自公元前 602 年到公元 1949 年的 2 551 年间,黄河下游决口 1 500 多次,较大改道 26 次。

以郑州为轴心,北至天津南抵江淮,纵横25万km²的黄淮海平原上,几乎到处都有黄河迁徙的痕迹。据《尚书·禹贡》记载:"禹王故道"经河南浚县东南大伾山,北会漳水,向北流入河北的古大陆泽,从此开始分为"九河",经天津附近注入渤海。公元前602年(周定王五年),河决宿胥口(今浚县淇河、卫河合流处),"其主河道经今河南的荥阳北、延津西、滑县东、浚县南、濮阳西南、内黄东南、清丰北、南乐西北、河北的大名东、山东的冠县西,过馆陶镇后,经临清南、高唐东南、平原南、绕平原西南、由德州市东复入河北,自河北吴桥西北流向东北,至沧州市折转向东,在黄骅县西南一带入海"。公元11年([新]王莽始建国三年)"河决魏郡,泛清河以东数郡"。改道后水流自由泛滥近60年,直到公元69年(汉明帝永平十二年)王景修渠筑堤,自荥阳东至千乘,才导使大河经河南濮阳、范县、山东茌平、朝城、阳谷、聊城、禹城、临邑、惠民等地至利津一带入海。这一河道历经魏、晋、隋、唐等朝代,近千年无大改道。1048年(宋庆历八年)黄河在澶州商胡埽大决,河水改道北流,经大名府(今河北大名)、恩州(今河北清河西北)、冀州(今河北冀县)、深州(今河北深县南)、瀛洲(今河北河间)、永静军(今河北东光)等府、州、军境,至乾宁军(今青县)合御河入海。1128年(宋建炎二年)东京(今开封)留守企图阻止金兵南下,在今浚县、滑县以上地带决开黄河,溃水经今延津、长垣、东明一带入梁山泊,然后由泗入淮。1194年(金明昌五年)河决阳武光禄村,全河南徙,其流路为今日延津、封丘、长垣、东明、曹县、归德、虞城、单县、砀山、丰县、萧县到徐州合泗水,南下入淮河。1489年(明弘治二年)河决开封及封邱金龙口,水入南岸3/10,入北岸7/10。至1494年(明弘治七年)刘大夏经过查勘,采取了遏制北流、分水南下入淮的方策,在堵塞张秋决口之后,为遏制北流,又堵塞了黄陵冈及荆隆等口门7处;在北岸修起了180 km长的"太行堤",使黄河"复归兰阳、考城,分流经徐州、归德、宿迁,南下运河,会淮水,东注于海。"此河道经历明、清两代,故称"明清故道"。

黄河下游现行河道是1855年(清咸丰五年)黄河在河南兰阳铜瓦厢决口,改道北流,夺大清河入海后形成的。改道初期,因清政府无力堵口,且对堵口归故与改道的争议屡议不决,任黄河泛滥20余年。其间虽曾劝民筑埝自卫,但因民埝单薄矮小,且多不连贯,故作用不大。1875年(清光绪元年)始修两岸官堤,1884年建成较为完整的堤防。此后虽不断培

修,但堤防标准低,河道逐年淤高,河患依然严重。自 1855 年(清咸丰五年)至 1911 年(清宣统三年),有 38 年发生决溢。民国前期,内有军阀混战,外有帝国主义侵略,国家处于四分五裂局面,黄河由各省分治,河防工程年久失修,决溢频繁。1912~1938 年的 27 年间,有 19 年发生决溢。1938 年,国民党军队为阻止日本侵略军进攻,扒开郑州北郊花园口黄河大堤,使黄河改道,溃水夺淮河抵达长江。抗日战争胜利后,自 1946 年开始相继实施了花园口堵口工程和黄河下游人民治黄大复堤工程,黄河复回故道。黄河下游变迁示意图如图 1-2 所示。

**(二)洪水灾害**

由于黄河水少沙多,大量泥沙淤积在下游,下游河床不断抬高,形成了著名的地上悬河。由于"地上悬河"的特点,黄河洪水造成的灾情十分严重,据历史资料分析,黄河下游一旦决溢往往造成全河夺流,溃水居高临下一泄千里,溃水流经之处水冲沙压,田庐人畜荡然无存者屡见不鲜,给人民生命财产带来巨大损失。同时由于黄河含沙量大,往往在决溢口门附近造成严重的沙化,形成大面积的泥沙压地,致使多年不能恢复耕种。根据史料记载,比较典型的洪水灾害有以下几次:

(1)1761 年 8 月黄河三门峡至花园口区间发生的特大洪水是黄河历史上有记载的最大洪水,地方志书中记载甚详,是目前可以作出定量分析的历史上最大的一场洪水,推算花园口流量 32 000 m³/s。这场洪水淹没偃师、巩县两城,所存房屋不过十之一二;沁阳、武陟、修武、博爱等县城被洪水所灌,水深 2~4 m;黄河堤防决口 27 处,灾情更重,其中河南被水冲 10 州(县),被水包围 17 州(县),另有 16 州(县)田禾被淹;山东受淹 12 州(县),其中被水冲 2 州(县);安徽受淹 4 州(县)。

(2)发生在 1843 年(清道光二十三年)的大洪水,经考查推算,陕县洪峰流量约为 36 000 m³/s。根据当时官方上报的陕县万锦滩水情记载:"黄河于(旧历)七月十三日巳时报长水七尺五寸,至十五日寅刻,复长水一丈三尺三寸,前水尚未见消,后水锺至,计一日十时之间,长水二丈八寸之多,浪若排山,历考成案,未有长水如此猛骤者。"《再续行水金鉴》引《中牟大工奏稿》:这次洪水,在陕县一带造成很大灾难,当地流传着"道光二十三,黄河涨上天,冲走太阳渡,捎带万锦滩"的民谣。是年六月下游中牟已决口,口门刷至三百余丈,大溜分两股直趋东南,河南中牟、尉

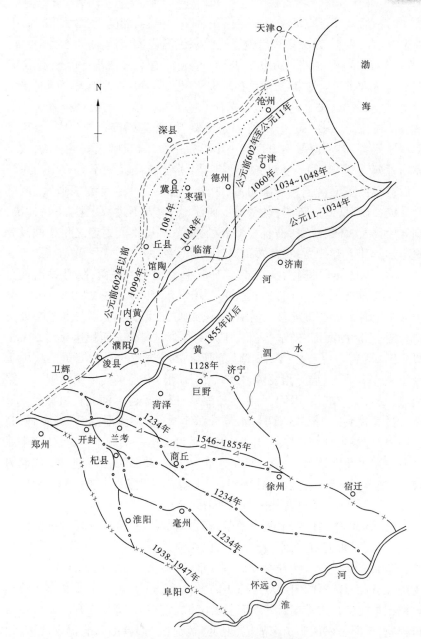

图 1-2　黄河下游河道变迁示意图

氏、祥符、通许、陈留、淮宁、扶沟、西华、太康、杞县、鹿邑,安徽太和、阜阳、颖上、凤合、霍丘、亳州等地普遍遭受洪水泛滥之灾。

(3)1883年(清光绪九年)自齐河至利津有7县决溢53处,造成43州县的特大洪灾。翌年又有8县决溢40处,有30多县受灾。当时受灾情况,据《再续行水金鉴》记载:"黄流东趋,一片汪洋,灾民荡析离居。"利津有些村庄"死伤居民甚众,有一家全毙者,有淹死仅存数口者,有房屋倒塌压死者,惨苦情况不堪言状……已救出数千口,唯无安身之处,大半露宿荒郊"。据1884年(清光绪十年)江苏巡抚吴元炳奉旨查勘山东河工后奏报:"黄河自铜瓦厢决口后,为山东患者三十余年,初则濮范巨郓受其灾,继则济武二郡膺其害,顾上游泛滥,地方不过数十县,下游冲决,则人民荡析,环袤千里,而且全河处处溃裂……,民间财产之付于漂没者更不知其几千万计矣,岁岁如此,其何以堪。"

(4)1933年(民国二十二年),黄河中游发生大暴雨,陕县站出现自1919年有实测水文记录以来最大的一场洪水,洪峰流量22 000 $m^3/s$,给黄河中下游造成严重灾害。河南温县、武陟、长垣、兰封、考城5县多处决口,淹及当时的河南、山东、河北、江苏4省30县,受灾面积达6 592 $km^2$,273万人受灾。曹县、巨野、定陶、单县惨遭淹没。徐州环城黄河故堤十余里决开7处,水势一路北流,使濮、范、寿张、阳谷4县尽成泽国。一路南流,浸入安徽亳州、涡阳,所幸水流略缓,成灾未巨。河北长垣县受灾最重,据《长垣县志》记载:"两岸水势皆深至丈余,洪流所经,万派奔腾,庐舍倒塌,牲畜淹没,人民多半淹毙,财产悉付波臣。县城垂危,且挟沙带泥淤淀一二尺至七八尺不等。当水之初,人民竞趋高埠,或蹲层顶,或攀树枝,馁饿露宿;器皿食粮,或被湮埋。人民于饥寒之后,率皆挖掘臭粮以充饥腹。情形之惨,不可言状……"(见图1-3)。

(5)1938年国民党军队为了阻止日军西侵,于郑县花园口扒决黄河大堤,使黄河改道南流,水淹豫皖苏,山东河道断流9年。洪水经尉氏、扶沟、淮阳、商水、项城、沈丘至安徽进入淮河,使豫东、皖北、苏北44个县市受淹,泛区一片汪洋,有300多万人背井离乡,89万人死于非命。滚滚洪流把大量泥沙带入淮河,淤塞河道和湖泊。直到1947年3月花园口才堵口合龙,黄河虽然回归山东故道,但是"黄泛区"遗留的影响仍很严重,致使淮河流域连年发生水灾。如1950年淮河大水,由于黄河泛滥期间造成

图 1-3 1933 年水淹东明县城抢救灾民

河道淤塞,排洪不畅,使整个淮北沦为泽国。河南、安徽两省受灾人口达1 340 万人,淹没耕地 2.9 万 km²。

(6)1958 年 7 月大水,是自 1919 年有水文实测记录以来黄河出现的最大洪水,7 月 17 日 17 时花园口洪峰流量 22 300 m³/s,超过堤防的设计标准,由于陕县以上干流来水与伊、洛河来水相汇合,19 日 16 时花园口又出现了 14 600 m³/s 的洪峰,两峰汇合,水位尤高。花园口站大于10 000 m³/s 洪水流量持续 79 h,7 d 洪水总量 61 亿 m³。东平湖从山口进湖流量达 10 300 m³/s,安山最高水位 44.81 m,超出保证水位 1.31 m,蓄洪 14.25 亿 m³,超蓄水量 3.8 亿 m³,有 44 km 多湖堤洪水位超过堤顶0.01～0.4 m,黄河下游滩区全部被淹。百万军民艰苦奋战 8 昼夜,战胜了新中国成立以来的首次大洪水(见图 1-4)。

(7)1982 年汛期,7 月 29 日至 8 月 2 日,三门峡至花园口干支流区间,4 万多 km² 范围内普降大到暴雨,局部地区降特大暴雨,从而形成伊、洛、沁、黄四河洪水并涨,来势迅猛。8 月 2 日 20 时,花园口站出现了15 300 m³/s 洪峰,7 日洪量 50.2 亿 m³,10 000 m³/s 以上洪水持续 52 h。洪水期间,先后开放林辛、十里堡进湖闸分洪,东平湖蓄洪 4 亿 m³,相应湖水位涨至 42.1 m。位山以上河道全部漫滩,位山以下河道部分漫滩,有 566.5 km 堤段偎水,滩地水深 1 m 以上,深者 4～6 m。东平湖老湖区

图1-4　战胜1958年大洪水

分洪后,受灾村庄214个,淹没耕地21.2万亩❶,坍房3 794间,迁出群众3.6万人。黄河滩区受灾村庄794个,受灾人口50.7万人,淹地93万亩,倒房10.6万间。

　　(8)1996年汛期,黄河共发生2次洪水,第一次洪峰出现在8月5日,花园口站洪峰流量7 860 m³/s,第二次洪峰出现在8月13日4时,花园口站洪峰流量5 520 m³/s。两次洪水在下游孙口站合成一个洪峰向下推进,通常称为"96·8"洪水。这次洪水属于中常洪水,但表现异常:一是水位表现高,下游各站超过或接近历史最高洪水位;二是传播时间长,速度慢;三是洪峰过程连续集中,传播到孙口站两峰合二为一,属历史罕见。山东河段由于洪峰水位表现高(孙口、泺口等站出现历史最高水位),因此漫滩范围广,沿黄25个县(市、区)91个乡镇的黄河滩区有570个村庄不同程度进水,受淹面积756.67 km²,其中耕地532.67 km²,13.74万人被水围困。

## 二、国内其他江河洪水灾害

　　除黄河外,我国长江、淮河、海河、松花江等主要江河也经常发生大洪水,给沿岸群众的生命财产及国民经济发展带来严重危害。

---

　　❶　1亩=1/15 hm²,全书同。

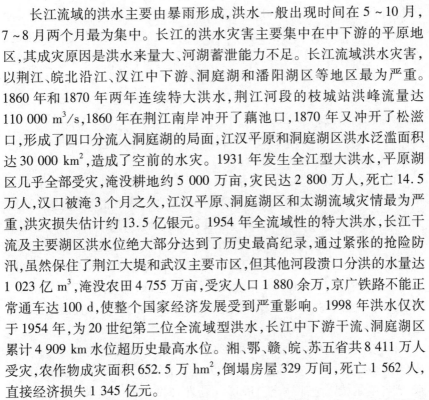

长江流域的洪水主要由暴雨形成,洪水一般出现时间在 5~10 月,7~8 月两个月最为集中。长江的洪水灾害主要集中在中下游的平原地区,其成灾原因是洪水来量大、河湖蓄泄能力不足。长江流域洪水灾害,以荆江、皖北沿江、汉江中下游、洞庭湖和潘阳湖区等地区最为严重。1860 年和 1870 年两年连续特大洪水,荆江河段的枝城站洪峰流量达110 000 m³/s,1860 年在荆江南岸冲开了藕池口,1870 年又冲开了松滋口,形成了四口分流入洞庭湖的局面,江汉平原和洞庭湖区洪水泛滥面积达 30 000 km²,造成了空前的水灾。1931 年发生全江型大洪水,平原湖区几乎全部受灾,淹没耕地约 5 000 万亩,灾民达 2 800 万人,死亡 14.5万人,汉口被淹 3 个月之久,江汉平原、洞庭湖区和太湖流域灾情最为严重,洪灾损失估计约 13.5 亿银元。1954 年全流域性的特大洪水,长江干流及主要湖区洪水位绝大部分达到了历史最高纪录,通过紧张的抢险防汛,虽然保住了荆江大堤和武汉主要市区,但其他河段溃口分洪的水量达1 023 亿 m³,淹没农田 4 755 万亩,受灾人口 1 880 余万,京广铁路不能正常通车达 100 d,使整个国家经济发展受到严重影响。1998 年洪水仅次于 1954 年,为 20 世纪第二位全流域型洪水,长江中下游干流、洞庭湖区累计 4 909 km 水位超历史最高水位。湘、鄂、赣、皖、苏五省共 8 411 万人受灾,农作物成灾面积 652.5 万 hm²,倒塌房屋 329 万间,死亡 1 562 人,直接经济损失 1 345 亿元。

淮河水系处于中国南北气候的过渡地带,降雨很不稳定。全流域性的大洪水,一般由梅雨形成,局部地区的大洪水往往由台风形成。6~8月为汛期,7 月出现大洪水的机会最多。自 12 世纪末以后,黄河夺占了淮河的入海河道,使淮河流域分为淮河和沂沭泗两个水系,并且都没有正常的排洪出路,形成"大雨大灾、小雨小灾、无雨旱灾"的严重局面。20 世纪内曾经发生 1931 年和 1954 年两次全流域性的特大洪水。1931 年全流域洪水淹地 7 700 万亩,死亡 7.5 万人,干支流普遍溃决泛滥,里运河东堤多处决口并开放归海坝,淮北平原和里下河一片汪洋。1954 年,治淮工程初见成效,三河闸控制了洪泽湖下泄洪水,里运河东堤确保安全,广大平原免除了洪灾,但上中游灾情仍然十分惨重,成灾农田达 6 400 万亩,受灾人口达 2 000 多万。淮河局部地区的洪水,以 1975 年 8 月洪水损失最为严重,1975 年 8 月,台风造成特大暴雨,暴雨中心的林庄最大

24 h降雨量达1 005 mm,3 d 达 1 605 mm,汝河上游板桥水库控制流域面积 762 km$^2$,产生最大入库流量13 000 m$^3$/s,造成水库溃坝,同时洪汝河、沙颍河堤防普遍决口,淹没耕地 1 500 余万亩,冲毁京广铁路 100 余 km,死亡数万人。沂沭泗水系 1957 年 7 月发生 50 年一遇的大洪水,其中南四湖水系约 80~90 年一遇。沂河临沂站洪峰流量达 15 400 m$^3$/s,经骆马湖调蓄后,通过新开挖的新沂河安全入海。南四湖出现实测最高水位,入湖的最大 30 d 洪水总量达 114 亿 m$^3$。全流域因洪涝共淹耕地 3 400 万亩,其中南四湖区达 1 900 万亩。

据历史文献和洪水调查分析,自公元 1368 年(明洪武元年)至 1948 年的 581 年间,海河流域共发生较大洪灾 387 次,其中北京城受灾 12 次,天津城受灾 13 次。1963 年大洪水,虽然各支流上游水库发挥了一定的拦洪调蓄作用,但被淹耕地达 5 360 多万亩,其中绝收达 3 700 多万亩,104 个县市受灾,受灾达 2 200 万人,许多中小城市被淹,堤防决口 6 800 多处,被毁铁路 116 km,当年粮食减产约 23 亿 kg,棉花减产 250 万担,大量道路、桥梁、房屋、水利工程和其他公共设施被冲毁,估计直接经济损失达数十亿元。

松花江流域洪水主要由暴雨形成,最大洪水多发生在 7~9 月,4 月还会出现冰凌洪水。按历史记载,1794 年(清乾隆五十九年)嫩江发生大水,齐齐哈尔城曾全部被淹。1932 年松花江发生特大洪水,哈尔滨站最大流量达 16 200 m$^3$/s,松花江流域 64 个县市受灾,3 000 万亩耕地被淹,哈尔滨市区被淹一个月,最大水深达 5 m 以上,全市 30 万居民中 23.8 万人受灾,2 万多人死亡。1957 年的洪水虽然比 1932 年的小,但哈尔滨市水位超过 1932 年水位 0.58 m,经大力抗洪抢险保住了主要市区安全,流域受灾农田 796 万亩,受灾人口 406 万。

# 第二章　堤防工程概况

自古以来,我国劳动人民傍水而居,为防范江河洪水自由泛滥成灾和湖海风浪潮水侵袭之患,依水筑堤,把洪水潮浪约束限制在设定的流路和水域范围之内,以保障江河中下游沿岸和湖海之滨的人民生命财产安全。堤防工程(本书包括建筑在堤防上的水闸工程)是沿江河、湖泊、海洋的岸边或蓄滞洪区、水库库区的周边修建的防止洪水漫溢或风暴潮袭击的挡水建筑物。这是人类在与洪水作斗争的实践中最早使用而且至今仍被广泛采用的一种重要的防洪工程。

我国已有数千年的筑堤防洪史,早在春秋战国时期(公元前 770 至公元前 476 年),黄河下游已有修筑堤防,后经历代人的长期奋斗,沿江河两岸逐渐形成了绵延数百千米乃至数千千米的比较完整的堤防工程系统,并对堤防工程的规划、设计和施工,积累了许多宝贵的经验,这对促进当时的农业发展和地方经济文化的繁荣起到了巨大的作用。

新中国成立后,党和各级政府十分重视江河堤防工程建设,投入大量人力、物力,一方面对原有残破不堪的堤防工程和其他防洪设施进行了规模空前的全面整修,加高培厚,护坡固基;另一方面修建了大量新的堤防工程,并多方采取措施加固堤防。截至 2011 年,全国堤防工程长度达29.41 万 km,长江中下游干堤工程全面达标;黄河下游干堤建设标准化堤防,把大堤建成防洪保障线、抢险交通线、生态景观线。同时,全国各地修建了大量其他防洪工程设施,初步建成防洪工程体系,实行防洪工程措施和非工程措施相结合,使我国防洪事业由过去的被动防御逐步转为主动控制,不断完善强化战胜洪水的各项必要条件,提高工程抗洪能力,提升抗洪斗争水平,从而更有成效地保障江河湖海防洪安全。

## 第一节　堤防工程分类

堤防工程按其所在的位置和作用不同,可分为河堤、湖堤、海堤、围堤

和水库堤防工程等五种。这五种堤防工程因其工作条件不尽相同,其设计断面也略有差别。对于河堤来说,因洪水涨落较快,高水位持续历时一般不会太长,少则数小时,多者也不会超过一两个月,其承受高水位压力的时间不长,堤身浸润线往往不能发展到最高洪水位的位置,故堤防工程断面尺寸相对可以小些;对于湖堤来说,由于湖水位涨落缓慢,高水位持续时间较长,一般可达五六个月之久,且水面辽阔,风浪较大,故堤身断面尺寸应较河堤为大,且临水面应有较好的防浪护面,背水面须有一定的排渗设施;围堤用于临时滞蓄超标准洪水,其实际工作机会远不及河堤和湖堤频繁,但修建标准一般应与干堤相同。本章主要以河堤为主,对堤防工程的基本情况进行介绍。

河堤又可分为遥堤、缕堤、格堤、月堤或越堤等,如图2-1所示。遥堤又叫主堤或干堤,距河较远,堤身较厚,用于防御特大洪水,是防洪的最后一道防线,不同河流会有专门的名称,如黄河的临黄堤、武汉市的张公堤等;缕堤又名民垸、民埝或生产堤,距河较近,堤身单薄,用于抗御较小的洪水,保护缕堤至遥堤间的滩地生产,洪水较大时,可能漫溢溃决;格堤为连接遥堤与缕堤的横向堤防工程,形成格状,一旦缕堤决口,水遇格堤即止,使淹没范围仅限一格,同时可防止沿遥堤形成串沟夺河,威胁干堤安

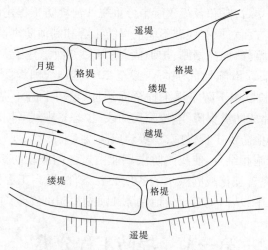

图2-1 黄河堤防工程示意图

全;月堤和越堤皆为依缕堤或遥堤进占或后退的月牙形堤防工程,当河身变动逼近堤防工程而保护河岸又有困难时,修建月堤(也称套堤)退守新线;当河身变动远离堤防工程时,为争取耕地可修越堤,同时也为防洪增加一道新的前沿防线。除此之外,在防洪抢险时,为防止洪水漫越堤顶,临时在堤顶加修的小堤,又称子埝或子堤。

# 第二节　堤防工程防洪标准

防洪标准是指防洪设施应具备的防洪(或防潮)能力,一般情况下,当实际发生的洪水小于防洪标准洪水时,通过防洪系统的合理运用,实现防洪对象的防洪安全。

由于历史最大洪水会被新的更大的洪水所超过,所以任何防洪工程都只能具有一定的防洪能力和相对的安全度。堤防工程建设根据保护对象的重要性,选择适当的防洪标准,若防洪标准高,则工程能防御特大洪水,相应耗资巨大,虽然在发生特大洪水时减灾效益很大,但毕竟特大洪水发生的概率很小,甚至在工程寿命期内不会出现,造成资金积压,长期不能产生效益,而且还可能因增加维修管理费而造成更大的浪费;若防洪标准低,则所需的防洪设施工程量小,投资少,但防洪能力弱,安全度低,工程失事的可能性就大。

## 一、堤防工程防洪标准和级别

堤防工程本身没有特殊的防洪要求,其防洪标准和级别划分依赖于防护对象的要求,是根据防护对象的重要性和防护区范围大小而确定的。堤防工程防洪标准,通常以洪水的重现期或出现频率表示。按照《堤防工程设计规范》(GB 50286—2013)的规定,堤防工程级别是依据堤防工程的防洪标准判断的,见表2-1。

表 2-1　堤防工程的级别

| 防洪标准(重现期(年)) | ≥100 | <100 且≥50 | <50 且≥30 | <30 且≥20 | <20 且≥10 |
|---|---|---|---|---|---|
| 堤防工程的级别 | 1 | 2 | 3 | 4 | 5 |

## 二、堤防工程设计洪水标准

依照防洪标准所确定的设计洪水,是堤防工程设计的首要资料。目前设计洪水标准的表达方法,以采用洪水重现期或出现频率较为普遍。例如,上海市新建的黄浦江防汛(洪)墙采用千年一遇的洪水作为设计洪水标准。作为参考比较,还可从调查、实测某次大洪水作为设计洪水标准,例如长江以1954年型洪水为设计洪水标准,黄河以1958年花园口站发生的洪峰流量22 000 $m^3/s$ 为设计洪水标准等。为了安全防洪,还可根据调查的大洪水适当提高作为设计洪水标准。

因为堤防工程为单纯的挡水构筑物,运用条件单一,在发生超设计标准的洪水时,除临时防汛抢险外,还运用其他工程措施来配合,所以可只采用一个设计标准,不用校核标准。

确定堤防工程的防洪标准与设计洪水时,还应考虑到有关防洪体系的作用,例如江河、湖泊的堤防工程,由于上游修筑水库或开辟分洪区、滞洪区、分洪道等,堤防工程的防洪标准和设计洪水标准就提高了。

# 第三节　堤防工程设计

堤防工程设计主要包括设计洪水位、设计堤顶高程等技术指标及堤顶宽度、堤防边坡等堤防断面尺寸标准的确定。对于重要堤防工程,还须进行渗流计算与渗控措施设计、堤坡稳定分析和抗震设计等。

## 一、设计洪水位的确定

设计洪水位是指堤防工程设计防洪水位或历史上防御过的最高洪水位,是设计堤顶高程的计算依据。接近或达到该水位,防汛进入全面紧急状态,堤防工程临水时间已长,堤身土体可能达饱和状态,随时都有可能出现重大险情。这时要密切巡查,全力以赴,保护堤防工程安全,并根据"有限保证,无限责任"的原则,对于可能超过设计洪水位的抢护工作也要做好积极准备。

### 二、堤顶高程的确定

当设计洪峰流量及洪水位确定之后,就可以据此设计堤距和堤顶高程。

堤距与堤顶高程是相互联系的。同一设计流量下,如果堤距窄,则被保护的土地面积大,但堤顶高,筑堤土方量大,投资多,且河槽水流集中,可能发生强烈冲刷,汛期防守困难;如果堤距宽,则堤身矮,筑堤土方量小,投资少,汛期易于防守,但河道水流不集中,河槽有可能发生淤积,同时放弃耕地面积大,经济损失大。因此,堤距与堤顶高程的选择存在着经济、技术最佳组合问题。

#### (一)堤距

堤距与洪水位关系可用水力学中推算非均匀流水面线的方法确定,也可按均匀流计算得到设计洪峰流量下堤距与洪水位的关系。堤距的确定,需按照堤线选择原则,并从当地的实际情况出发,考虑上下游的要求,进行综合考虑。除进行投资与效益比较外,还要考虑河床演变及泥沙淤积等因素。例如,黄河下游大堤堤距最大达 15 ~ 23 km,远远超出计算所需堤距,其原因不只是容、泄洪水,还有滞洪滞沙的作用。最后,选定各计算断面的堤距作为推算水面线的初步依据。

#### (二)堤顶高程

堤顶高程应按设计洪水位或设计高潮位加堤顶超高确定。

堤顶超高应考虑波浪爬高、风壅增水、安全加高等因素。为了防止风浪漫越堤顶,需加上波浪爬高,此外还需加上安全超高,堤顶超高按式(2-1)计算确定。1、2 级堤防工程的堤顶超高值不应小于 2.0 m。

$$Y = R + E + A \tag{2-1}$$

式中　$Y$——堤顶超高,m;

　　　$R$——设计波浪爬高,m;

　　　$E$——设计风壅增水高度,m;

　　　$A$——安全加高,m,按表 2-2 确定。

表 2-2　堤防工程的安全加高值

| 堤防工程的级别 | | 1 | 2 | 3 | 4 | 5 |
|---|---|---|---|---|---|---|
| 安全加高值（m） | 不允许越浪的堤防工程 | 1.0 | 0.8 | 0.7 | 0.6 | 0.5 |
| | 允许越浪的堤防工程 | 0.5 | 0.4 | 0.4 | 0.3 | 0.3 |

波浪爬高与地区风速、风向、堤外水面宽度和水深，以及堤外有无阻浪的建筑物、树林、大片的芦苇、堤坡的坡度与护面材料等因素都有关系。

### 三、堤身断面尺寸

堤身横断面一般为梯形，其顶宽和内外边坡的确定，往往是根据经验或参照已建的类似堤防工程，首先初步拟定断面尺寸，然后对重点堤段进行渗流计算和稳定校核，使堤身有足够的质量和边坡，以抵抗横向水压力，并在渗水达到饱和后不发生坍滑。

堤防宽度的确定，应考虑洪水的渗径和汛期抢险交通运输以及防汛备用器材堆放的需要。汛期高水位，若堤身过窄，渗径短，渗透流速大，渗水容易从大堤背水坡腰逸出，发生险情。对此，须按土坝渗流稳定分析方法计算大堤浸润线位置检验堤身断面。我国主要江河堤顶宽度：荆江大堤为 8~12 m，长江其他干堤 7~8 m，黄河下游大堤宽度一般为 12 m（左岸贯孟堤、太行堤上段、利津南宋至四段、右岸东平湖 8 段临黄山口隔堤和垦利南展上界至二十一户为 10 m）。为便于排水，堤顶中间稍高于两侧（俗称花鼓顶），倾斜坡度 3%~5%。

边坡设计应视筑堤土质、水位涨落强度和洪水持续历时、风浪、渗透情况等因素而定。一般是临水坡较背水坡陡一些。在实际工程中，常根据经验确定。如果采用壤土或沙壤土筑堤，且洪水持续时间不太长，当堤高不超过 5 m 时，堤防临水坡和背水坡边坡系数可采用 2.5~3.0；当堤高超过 5 m 时，边坡应更平缓些。例如荆江大堤，临水坡边坡系数为 2.5~3.0，背水坡为 3.0~6.3，黄河下游大堤标准化堤防工程建成后临水坡和背水坡边坡系数均为 3.0。若堤身较高，为增加其稳定性和防止渗漏，常在背水坡下部加筑戗台或压浸台，也可将背水坡修成变坡形式。

### 四、渗流计算与渗控措施设计

一般土质堤防工程,在靠水、着溜时间较长时,均存在渗流问题。同时,平原地区的堤防工程,堤基表层多为透水性较弱的黏土或沙壤土,而下层则为透水性较强的砂层、砂砾石层。当汛期堤外水位较高时,堤基透水层内出现水力坡降,形成向堤防工程背河的渗流。在一定条件下,该渗流会在堤防工程背河表土层非均质的地方突然涌出,形成翻沙鼓水,引起堤防工程险情,甚至出现决口。因此,在堤防工程设计中,必须进行渗流稳定分析计算和相应的渗控措施设计。

**(一)渗流计算**

水流由堤防工程临河慢慢渗入堤身,沿堤的横断面方向连接其所行经路线的最高点形成的曲线,称为浸润线。渗流计算的主要内容包括确定堤身内浸润线的位置、渗透比降、渗透流速以及形成稳定浸润线的最短历时等。

**(二)渗透变形的基本形式**

堤身及堤基在渗流作用下,土体产生的局部破坏,称为渗透变形。渗透变形的形式及其发展过程,与土料的性质及水流条件、防渗排渗等因素有关,一般可归纳为管涌、流土、接触冲刷、接触流土或接触管涌等类型。管涌为非黏性土中,填充在土层中的细颗粒被渗透水流移动和带出,形成渗流通道的现象;流土为局部范围内成块的土体被渗流水掀起浮动的现象;接触冲刷为渗流沿不同材料或土层接触面流动时引起的冲刷现象;当渗流方向垂直于不同土壤的接触面时,可能把其中一层中的细颗粒带到另一层由较粗颗粒组成的土层孔隙中的管涌现象,称为接触管涌。如果接触管涌继续发展,形成成块土体移动,甚至形成剥蚀区时,便形成接触流土。接触流土和接触管涌变形,常出现在选料不当的反滤层接触面上。渗透变形是汛期堤防工程常见的严重险情。

一般认为,黏性土不会产生管涌变形和破坏,沙土和砂砾石,其渗透变形形式与颗粒级配有关。颗粒不均匀系数,$\eta = d_{60}/d_{10} < 10$ 的土壤易产生流土变形;$\eta > 20$ 的土壤会产生管涌变形;$10 < \eta < 20$ 的土壤,可能产生流土变形,也可能产生管涌变形。

### （三）产生管涌与流土的临界坡降

使土体开始产生渗透变形的水力坡降为临界坡降。当有较多的土料开始移动时，产生渗流通道或较大范围破坏的水力坡降，称为破坏坡降。临界坡降可用试验方法或计算方法加以确定。

为了防止堤基不均匀性等因素造成的渗透破坏现象，防止内部管涌及接触冲刷，容许水力坡降可参考建议值（见表2-3）选定。如果在渗流出口处做有滤渗保护措施，表2-3中所列允许渗透坡降可以适当提高。

表2-3　控制堤基土渗透破坏的容许水力坡降

| 基础表层土名称 | 堤坝等级 | | | |
|---|---|---|---|---|
| | Ⅰ | Ⅱ | Ⅲ | Ⅳ |
| 一、板桩形式的地下轮廓 | | | | |
| 1.密实黏土 | 0.50 | 0.55 | 0.60 | 0.65 |
| 2.粗砂、砾石 | 0.30 | 0.33 | 0.36 | 0.39 |
| 3.壤土 | 0.25 | 0.28 | 0.30 | 0.33 |
| 4.中砂 | 0.20 | 0.22 | 0.24 | 0.26 |
| 5.细砂 | 0.15 | 0.17 | 0.18 | 0.20 |
| 二、其他形式的地下轮廓 | | | | |
| 1.密实黏土 | 0.40 | 0.44 | 0.48 | 0.52 |
| 2.粗砂、砾石 | 0.25 | 0.28 | 0.30 | 0.33 |
| 3.壤土 | 0.20 | 0.22 | 0.24 | 0.26 |
| 4.中砂 | 0.15 | 0.17 | 0.18 | 0.20 |
| 5.细砂 | 0.12 | 0.13 | 0.14 | 0.16 |

### （四）渗控措施设计

堤防工程渗透变形产生管漏涌沙，往往是引起堤身蛰陷溃决的致命伤。为此，必须采取措施，降低渗透坡降或增加渗流出口处土体的抗渗透变形能力。目前工程中常用的方法，除在堤防工程施工中选择合适的土料和严格控制施工质量外，主要采用"外截内导"的方法治理。

1. 临河面不透水铺盖

在堤防工程临水面堤脚外滩地上,修筑连续的黏土铺盖,以增加渗径长度,减小渗流的水力坡降和渗透流速,是目前工程中经常使用的一种防渗技术。铺盖的防渗效果,取决于所用土料的不透水性及其厚度。根据经验,铺盖宽度约为临河水深的 15～20 倍,厚度视土料的透水性和干容重而定,一般不小于 1.0 m。

2. 堤背防渗盖重

当背河堤基透水层的扬压力大于其上部不(弱)透水层的有效压重时,为防止发生渗透破坏,可采取填土加压,增加覆盖层厚度的办法来抵抗向上的渗透压力,并增加渗径长度,消除产生管涌、流土险情的条件。盖重的厚度和宽度,可依盖重末端的扬压力降至允许值的要求设计。近些年来,在黄河和长江一些重要堤段,采用堤背放淤或吹填办法增加盖重,同时起到了加固堤防和改良农田的作用。

3. 堤背脚滤水设施

对于洪水持续时间较长的堤防工程,堤背脚渗流出逸坡降达不到安全容许坡降的要求时,可在渗水逸出处修筑滤水戗台或反滤层、导渗沟、减压井等工程。

滤水戗台通常由砂、砾石滤料和集水系统构成,修筑在堤背后的表层土上,增加了堤底宽度,并使堤坡渗出的清水在戗台汇集排出。反滤层设置在堤背面下方和堤脚下,其通过拦截堤身和从透水性底层土中渗出的水流挟带的泥沙,防止堤脚土层侵蚀,保证堤坡稳定。堤背后导渗沟的作用与反滤层相同。当透水地基深厚或为层状的透水地基时,可在堤坡脚处修建减压井,为渗流提供出路,减小渗压,防止管涌发生。

# 第三章　堤防工程巡堤查险

堤防工程是江河湖泊防汛抗洪的重要防线。"河防在堤,守堤在人,有堤无人,如同无堤",坚守这条防线,对于整个防汛抗洪工作起着决定性的作用。防汛抗洪实践经验表明,堤防工程发生决口及其他重大险情的原因是多种多样的,但如果因为巡堤查险不到位、监测不及时而出现严重问题就是严重的责任事故,必须严格督查,予以避免。防汛期间,只有扎实做好巡堤查险工作,落实好各项工作责任制度、巡查到位,做到险情早发现、早抢护,将险情隐患消灭在萌芽状态,才能赢得主动,防患于未然,把洪灾损失降低到最低程度。

## 第一节　险情类别

堤防工程线长量大,长期受风吹日晒、水冲雨淋、虫兽危害,极易发生破坏,防洪强度降低,在洪水作用下可能会出现各类险情,给防洪安全带来严重威胁。堤防工程常见险情主要有漫溢、渗水、管涌、滑坡、漏洞、风浪淘刷、裂缝、坍塌和陷坑等。当堤防工程发生险情时,巡堤查险人员要迅速通过实地观察和探测分析,把险情征象、类别、性质判别清楚,不可任意夸大或缩小险情,避免错误判断引起慌乱或贻误险情抢护。

### 一、漫溢险情

漫溢险情是指实际洪水位超过现有堤顶高程,或风浪翻过堤顶,导致洪水从堤防顶部溢出的险情。一旦发生漫溢险情,就会很快引起堤防溃决。堤防因漫溢决口称为漫决。

### 二、渗水险情

渗水险情是堤防工程在较高水位及较长历时偎水渗压作用下,背水坡面、坡脚及附近地面出现湿润或渗出纤细明流的险象,又称散浸或堤脚

洇水。若发展严重,超出安全渗流限度,可能导致土体发生渗透变形,形成管涌、流土、滑坡、漏洞等险情。

### 三、管涌险情

管涌险情是堤防背水坡脚附近或穿堤涵闸出口周围,在受到渗透水流的渗压作用下,堤身非黏性土体中的渗流比降超过其安全比降时,发生冒水冒沙的一种险情,又称地泉或翻沙鼓水。若自出水口向内逐渐逆行发展,可继续扩大,深入形成管涌,甚至可能发展成贯通临背水的漏洞。

### 四、滑坡险情

滑坡险情也称脱坡险情,是堤防由于土质构造、渗水压力等原因,使堤身土体内部潜在的薄弱层抗剪强度难以平衡重力作用而发生堤身边坡土体向下滑坠变形的险情。滑坡险情多发生在高水位情况下的背水坡面,也可发生在落水情况下的临水坡面。滑坡发生的征兆一般是由弧形缝发展而成的。滑坡严重削弱堤防断面抗洪能力,破坏堤防整体稳定。

### 五、漏洞险情

漏洞险情是堤防由于内部有裂缝、洞穴、虚土层、冻土带、穿堤建筑物接茬不良等隐患在高水位下因渗水或漏水集中,堤身被穿透贯通形成临背水漏水通道,极易造成堤身溃决,是堤防最严重险情之一。

### 六、风浪淘刷险情

风浪淘刷险情是由于风力直接作用水面形成的强制性波浪动力,往复拍击堤防临水坡面而产生的堤身土体冲击破坏。风浪轻者造成堤坡坍塌险情,重者严重破坏堤身,以致决口成灾。

### 七、裂缝险情

裂缝险情是堤防由于不均匀沉陷、滑坡、震动、干缩、冻融等原因,在堤防顶部、边坡或堤身内部出现的开裂缝隙,有平行堤防轴线方向的纵缝、垂直堤防轴线方向的横缝、走向呈斜线状的斜缝、形成两端低中间高的弧形缝及不规则分布的龟裂缝等。

## 八、坍塌险情

坍塌险情是由于近堤水流顶冲淘刷或高水位骤降时因堤身渗水反向排出，导致堤身作用力失衡而发生堤身土体或石方砌护体失稳破坏。

## 九、陷坑险情

陷坑险情也称跌窝险情，是在高水位或雨水浸注作用下，堤身、戗台及堤脚附近发生的局部凹陷现象。陷坑发生的原因主要是堤身或临水坡面下存有隐患，土体浸水后松软沉陷，或堤内涵管漏水导致土壤局部冲失发生沉陷，有时伴随漏洞发生。察看堤坡等处有无沉陷时，若发现低洼陷落处，其周围又有松落迹象，上有浮土，即可确定为陷坑。

# 第二节　巡堤查险

巡堤查险也叫险情巡查，是指洪水期间防汛队伍按照防汛责任堤段，在堤防工程上巡回检查水情、险情。通过巡查，及时发现险情，迅速进行抢护，并向上级报告，保证堤防工程安全。

## 一、巡堤查险组织

江河防汛除工程和防汛料物等物质基础外，还必须有坚强的指挥机构和精干的防汛队伍。巡堤查险是防汛队伍上堤防守的主要任务。

### （一）落实责任制

按照国家防汛抗旱总指挥部《巡堤查险工作规定》等有关规定，"巡堤查险工作实行各级人民政府行政首长负责制，统一指挥，分级分部门负责。各级防汛指挥机构要加强巡堤查险工作的监督检查"。每年汛前，县（市、区）防汛抗旱指挥部要报请当地政府对本行政区巡堤查险责任人进行明确落实。县、乡行政首长要对所辖区段巡堤查险工作负总责，做好督促检查和思想发动工作。汛前，每一个有巡堤查险任务的县、乡均要成立防汛指挥部，负责巡堤查险的领导和监督检查工作，并明确指挥部的主要领导负责领导组织巡堤查险工作。

**（二）划分责任段**

巡堤查险工作首先要明确巡查任务，划分责任堤段。巡堤查险一般以村为基层防守单位进行组织，以基干班为单位进行巡查。每个基干班汛前要上堤熟悉防守点情况，并实地标立界桩，了解堤防现状，随时掌握工情、水情、河势的变化情况，做到心中有数。

**（三）签订责任书**

各乡镇按照军事化编制，组织好巡堤查险队伍，以村为单位，以民兵为基础，以党、团员为骨干，并吸收有防汛抢险经验人员参加。巡堤查险队伍要逐级落实，层层签订责任状，在汛前完成组建工作，对巡堤查险人员由村委会对本人签订合同书，以保证各项任务、责任落实到实处，并应将乡镇带班干部名单落实到位。

**（四）分组编班**

基干班以村为单位组织，每班 12 人，其中正、副班长和技术员，宣传员，统计员，安全员各 1 人。每班由村组干部、党员担任班长，负责基干班的人员组织到位、任务落实到位、巡查措施到位。

**（五）登记造册**

各村汛前将基干班人员按所辖巡查堤段落实到位，将带班班长、各班人员登记造册，一式三份，报县（市、区）防汛抗旱指挥部、乡（镇）防汛抗旱指挥部及留存备查。

**（六）完善制度**

完善巡查制度是做好巡堤查险工作的保障，只有建立健全各项规章制度，才能确保巡堤查险工作顺利开展。

（1）报告制度。巡查人员必须听从指挥，坚守岗位，严格按要求巡查，发现险情立即上报，抢险情况及时上报。交接班时，基干班班长要向乡、村带班人员汇报巡查情况，带班人员一般每日向上级报告一次巡查情况。

（2）交接班制度。巡查换班时，上一班要将水情、工情、险情、工具料物数量及需注意的事项等全面向下一班交接清楚，对尚未查清的可疑情况，要共同巡查一次，做好交接班记录，详细介绍其发生、发展、变化情况。

（3）请假制度。巡查人员上堤后，要坚守岗位，未经批准不得擅自离岗，休息时要在指定地点。巡查人员一般不准请假，特殊情况，须经乡防

汛指挥机构批准,并及时补充人员。

(4)督察制度。各级防汛指挥机构应组织有关部门和单位成立巡堤查险督察组,认真开展巡堤查险督察工作。

(5)奖罚制度。巡堤查险工作认真负责、完成任务好的要给予表扬,做出突出贡献的由县级以上人民政府或防汛指挥机构予以表彰、记功和物质奖励;不负责任的要给予批评;拒不执行有关防汛指令,没有按时上堤巡查,疏于防守,造成漏查、误报,贻误抢险时机,造成损失,后果严重的,依照有关法律追究责任。

### (七)技术培训

巡堤查险人员汛前应参加技术培训,学习掌握巡堤查险方法、各种险情的识别和抢护知识,了解责任段的工程情况及抢险方案,熟悉工程防守和抢护措施。对巡查人员进行查险抢险知识培训,着重讲清巡查人员职责和渗水、管涌、滑坡、漏洞等堤防险情的类别、辨别方法及一般处理原则,使其了解不同险情的特点及抢护处理办法,做到判断准确、处理得当。

### (八)挂牌配标

巡堤查险期间,所有参与巡堤查险人员都要佩戴标志。防汛指挥人员佩戴"防汛指挥"袖标,县、乡带班人员要佩挂"巡查员"袖标,以强化责任,接受监督。

## 二、巡堤查险方法

巡堤查险主要包括堤防工程临水堤坡、背水堤坡、背水堤脚、堤顶以及堤防上的险工、穿堤建筑物等的巡查。

### (一)临水堤坡的巡查

巡查临水堤坡时,1人背草捆在临水堤肩走,1人拿铁锨在堤半坡走,1人持摸水杆沿水边走(堤坡较长可适当增加人员,夜间巡查应持手电筒照明)。沿水边走的人要不断用摸水杆探摸,借波浪起伏的间隙查看堤坡有无险情。另外2人注意查看水面有无漩涡等异常现象,并观察堤坡有无裂缝、塌陷、滑坡、洞穴等险情。在风大流急、顺堤行洪或水位骤降时,要特别注意堤坡有无崩塌现象。

### (二)背水堤坡及背水堤脚的巡查

巡查背水堤坡时,已淤背的堤段,1人在背水堤肩走,1人在淤背区堤

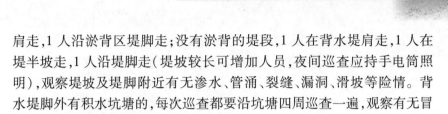

肩走,1 人沿淤背区堤脚走;没有淤背的堤段,1 人在背水堤肩走,1 人在堤半坡走,1 人沿堤脚走(堤坡较长可增加人员,夜间巡查应持手电筒照明),观察堤坡及堤脚附近有无渗水、管涌、裂缝、漏洞、滑坡等险情。背水堤脚外有积水坑塘的,每次巡查都要沿坑塘四周巡查一遍,观察有无冒水、冒沙、冒气泡、水变色等现象。

**(三)堤顶的巡查**

在堤肩巡查的人员,要同时检查堤顶有无裂缝、蛰陷及空洞等。

**(四)险工堤段的巡查**

应注意观察险工根石、坦石有无走失、坍塌、蛰陷等现象,坝顶有无严重裂缝以及裂缝的发展情况等。

**(五)穿堤建筑物的巡查**

巡查的穿堤建筑物主要包括水闸、穿堤管线等。应注意观察穿堤建筑物有无裂缝、坍塌、倾斜、滑动,表面有无脱壳松动或侵蚀现象;观察穿堤建筑物与土堤接合部位有无裂缝、渗漏、管涌、蛰陷、水沟等破坏现象;水闸工程还要观察下游渠道中有无翻沙鼓水现象等。

## 三、巡堤查险方式

洪水期间,负责巡堤查险的基干班实行 24 h 分组轮流巡查。夜间巡查,要增加巡查组次和人员。每个基干班巡查责任段一般长 500 m。

(1)当堤根水深 2.0 m 以下、汛情不太严重时,可由一个组从临河去,背河返回。一般情况下每隔 2 h 至少巡查一次。当巡查到两个责任段接头处时,两组要交叉巡查 10 ~ 20 m,以免漏查。

(2)当堤根水深 2.0 ~ 4.0 m、汛情较为严重时,由两组分别从临河、背河同时出发,再交换巡查返回。要求每隔 1 h 至少巡查一次,并可根据汛情增加巡查次数。必要时固定人员进行观察。

(3)当堤根水深 4.0 m 以上、汛情严重或降暴雨时,应增加巡查组次,每次由两组分别从临河、背河同时出发,再交换巡查返回。第一组出发后,第二组、第三组……相继出发,各组次出发的时间间隔 30 min。必要时固定人员进行观察。

(4)未淤背或淤背未达标准的堤段,可根据水情和工程情况适当增加巡查次数。

(5)背河堤脚外 50 m 范围内的地面及 100 m 范围内的积水坑塘,应组织专门小组进行巡查,检查有无渗水、管涌等现象,并注意观测其发展变化情况。

当汛情特别严重时,已淤背的堤段可对临河堤坡、淤背区堤肩及淤背区堤脚外 50 m 范围内地面实行地毯式排查;未淤背堤段临河堤坡、背河堤坡及背河 100 m 范围内的地面实行地毯式排查,背河有积水坑塘的,其排查范围扩大到 200 m。

## 四、巡堤查险携带的工具、料物

为保证巡堤查险和抢险工作需要,基干班上堤时,应准备和携带必要的工具和料物。工具、料物由基干班所在乡防汛指挥机构负责筹备,接到上堤防守命令时携带上堤。基干班上堤巡查期间的食宿等用品自备。

**(一)巡查工具、料物**

每个基干班应配备帐篷 2 顶,手电筒(或应急照明灯)12 个,镰刀 4 把,绳子 6 根(摸水用的系腰安全绳),救生用具 4 件,钢卷尺 2 个,摸水杆 3 根(每根长 3~4 m),记录本 2 本,记录笔 2 支等。

**(二)报警工具、料物**

每个基干班应配备红旗 1 面,5 m 长旗杆 1 根,旗杆绳 1 根,红灯(应能防风、防雨)1 盏,口哨 6 个,电喇叭 2 个等。基干班员都应随身携带手机,保证 24 h 通信畅通。

**(三)抢险工具、料物**

每个基干班应配备板斧(或斧子)2 把,手钳 1 把,木榔头 2 把,油锤 1 把,夯 1 盘,梯子 1 架,铁锨 12 把,雨具 12 件,1.5 m 长木桩 5 根,苇席 2 领,网兜 2 个,木板 3 块,编织袋 100 条,帆布 1 块(或两布一膜土工布),机动三轮车 2 辆,麦糠(或锯末、碎草屑)2 kg,10 kg 左右的草捆或软塞 4 个等。

## 五、险情警号与报警

设定险情警号,制定严格的报警方式和责任制。"警报信号"及"解除警报信号"要做到家喻户晓,可利用电视、广播、报刊等媒体,以及通过社区机构向群众广为宣传。

**（一）险情警号**

**1.警号形式**

险情报警采取手机和口哨、电喇叭相结合的方法。各级防汛指挥机构汛前应向沿黄群众公布报险电话，并保证汛期 24 h 畅通，有人接听。

（1）发现一般险情，在吹口哨报警的同时，利用手机向防汛指挥机构报警。

发现较大、重大险情，在鸣电喇叭报警的同时，利用手机向防汛指挥机构报警。

一般险情、较大险情和重大险情的分类分级见表3-1。

表 3-1 黄河堤防工程主要险情分类分级

| 工程类别 | 险情类别 | 险情级别与特征 | | |
|---|---|---|---|---|
| | | 重大险情 | 较大险情 | 一般险情 |
| 堤防工程 | 漫溢 | 各种险情 | | |
| | 漏洞 | 各种险情 | | |
| | 管涌 | 出浑水 | 出清水，出口直径大于 5 cm | 出清水，出口直径小于 5 cm |
| | 渗水 | 渗浑水 | 渗清水，有沙粒流动 | 渗清水，无沙粒流动 |
| | 风浪淘刷 | 堤坡淘刷坍塌高度 1.5 m 以上 | 堤坡淘刷坍塌高度 0.5～1 m | 堤坡淘刷坍塌高度 0.5 m 以下 |
| | 坍塌 | 堤坡坍塌堤高 1/2 以上 | 堤坡坍塌堤高 1/2～1/4 | 堤坡坍塌堤高 1/4 以下 |
| | 滑坡 | 滑坡长 50 m 以上 | 滑坡长 20～50 m | 滑坡长 20 m 以下 |
| | 裂缝 | 贯穿横缝、滑动性纵缝 | 其他横缝 | 非滑动性纵缝 |
| | 陷坑 | 水下，与漏洞有直接关系 | 水下，背河有渗水、管涌 | 水上 |

续表 3-1

| 工程类别 | 险情类别 | 险情级别与特征 | | |
|---|---|---|---|---|
| | | 重大险情 | 较大险情 | 一般险情 |
| 险工工程（防护坝工程） | 根石坍塌 | | 根石台墩蛰入水 2 m 以上 | 其他情况 |
| | 坦石坍塌 | 坦石顶墩蛰入水 | 坦石顶坍塌至水面以上坝高 1/2 | 坦石局部坍塌 |
| | 坝基坍塌 | 坦石与坝基同时滑塌入水 | 非裹护部位坍塌至坝顶 | 其他情况 |
| | 坝挡后溃 | 坍塌坝高 1/2 以上 | 坍塌坝高 1/2 ~ 1/4 | 坍塌坝高 1/4 以下 |
| | 坝垛漫顶 | 各种情况 | | |
| 水闸工程 | 闸体滑动 | 各种情况 | | |
| | 漏洞 | 各种情况 | | |
| | 管涌 | 出浑水 | 出清水 | |
| | 渗水 | 渗浑水、土与混凝土接合部出水 | 渗清水、有沙粒流动 | 渗清水、无沙粒流动 |
| | 裂缝 | 土石接合部的裂缝、建筑物不均匀沉陷引起的贯通性裂缝 | 建筑物构件裂缝 | |

（2）吹口哨报警，由巡堤查险人员掌握。鸣电喇叭和手机报警由带班巡查的乡、村干部掌握，或指定专人负责，不得乱发。

（3）防汛指挥机构接到报警后，应迅速组织工程技术人员赴现场鉴别险情，逐级上报，并指定专人定点观测或适当增加巡查次数，威胁工程安全的迅速采取抢护措施。各巡查堤段的巡查人员继续巡查，不得间断。

2. 险情标志

紧急出险地点应设立警示标志,白天悬挂红旗,夜间悬挂红灯或点火,作为抢险人员集合标志。出险堤段应尽快架设照明线路或落实移动发电设备,安设照明设施,方便夜间查险、抢险。

洪水期间,堤防附近机关、企业、学校、村庄等严禁吹口哨、敲锣打鼓、使用高音喇叭等;各类防汛队伍上堤严禁插挂红旗,悬挂红色条幅、气球等,以免发生混淆。

**(二)报警守则**

(1)报警的同时,应根据险情类别按抢护原则立即组织抢护,防止险情扩大,并火速报告上级防汛指挥部。

(2)防汛指挥部门接到报警后,应按照防汛预案的规定立即组织人力、料物赶赴现场,全力抢险,但检查工作不得停止或中断。

(3)继续巡查。基层防汛组织听到报警信息后,应立即组织人员增援,同时报告上一级防汛指挥部,但原岗位必须留下足够的人员继续做好巡查工作,不得间断。相邻责任段基干班人员除坚持巡查的人员外,其余人员都要急驰增援。

(4)警号宣传。所有警号、标志,应对沿河群众广泛宣传。在洪水期间严禁敲钟、击鼓、打锣及吹哨,以免发生混淆和误会。

**(三)险情报告**

堤防工程出现险情后,应当按照规定逐级上报。一般险情报至市级防汛指挥机构,较大险情报至省级防汛指挥机构,重大险情要求在报至省级防汛指挥机构的同时,还要上报至流域防汛指挥机构。

1. 报险内容

险情报告的基本内容为:险情类别,出险时间、地点、位置,各种代表尺寸(如长、宽、深、坡度等),出险原因,险情发展经过与趋势,河势分析及预估,危害程度,拟采取的抢护措施及工料和投资估算等。有些险情应有特殊说明,如渗水、管涌、漏洞等的出水量及清浑状况等,较大险情与重大险情同时还应附平面和断面示意图。

2. 报险时间

防洪工程报险应遵循"及时、全面、准确、负责"的原则。查险人员发现险情或异常情况时,巡堤查险组长要迅速在 5 min 内电话报告乡镇政

府防汛责任人,同时向其他巡堤查险人员、乡镇现场防汛指挥人员和防汛抢险人员发出报险预警信号,乡(镇)人民政府带班责任人与业务部门岗位责任人应立即对险情进行初步鉴别,并在 20 min 内电话报至县(市、区)防汛抗旱指挥部。发现重大险情时,要随发现随报告,并在第一时间向可能受威胁的附近居民和防汛抢险人员发出报险预警信号。

3.报险要求

险情报告要遵循逐级报告的原则。各级防汛抗旱指挥部及河道管理单位要根据险情大小、险情种类和规范格式逐级书面报告,特殊情况可越级或电话报告。紧急险情应边报告边组织力量抢护,不能听任险情发展。但是不论出现何种险情,均应按前述规定逐级上报,险情紧急时,可以先用电话报告,但应尽快完备手续。

## 六、巡堤查险保障措施

巡堤查险督查工作坚持全方位、全过程开展工作,突出重点,兼顾一般,以点促面,全面落实,物质奖励与精神鼓励相结合,注重实效,有功必奖、有过必罚的原则。

### (一)落实巡堤查险行政首长负责制

县(市、区)防汛抗旱指挥部在每年汛前对各自行政区所有堤防的巡堤查险责任逐个明确,落实以行政首长负责制为核心的各项防汛责任制,采取分堤段设立巡堤查险责任牌、制发巡堤查险责任手册、现场认领等形式予以公示,增加透明度,把巡堤查险职责和任务真正落到实处。

### (二)搞好巡堤查险技术指导

巡堤查险期间,要以县(市、区)水利、河务部门为主体组成若干个巡堤查险技术指导组,负责在现场进行巡堤查险方法、技术的指导服务,向巡堤查险人员传授巡堤查险工作要领,答疑并解决巡堤查险中遇到的实际问题。

### (三)加强巡堤查险督察

县(市、区)防汛抗旱指挥部可根据巡堤查险工作的实际情况,成立由本级政府有关部门、防汛抗旱指挥部成员单位负责人参加的巡堤查险督察组,负责在巡堤查险一线巡回督察,监督巡堤查险人员到岗和巡堤查险工作是否到位。发现有人员缺岗或工作缺位的问题,督察组要及时指

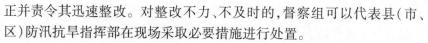

正并责令其迅速整改。对整改不力、不及时的，督察组可以代表县(市、区)防汛抗旱指挥部在现场采取必要措施进行处置。

**（四）搞好巡堤查险物资供应**

巡堤查险所需的常规工具、器材及物料由承担巡堤查险任务的村组、单位自备自带。非常规工具、器材及物料由县(市、区)、乡镇负责统一配置，专库存放，每年汛前统一发放，汛后统一收回，统一维修保养，及时更换易损物品，充盈库存，满足巡堤查险工作需要，其所需费用纳入本级财政预算。

**（五）保证巡堤人员安全**

巡堤查险、抢险必须以确保参与人员生命安全为前提，凡参与巡堤查险的人员，必须佩戴有效的救生设备。认真做好巡堤查险后勤保障工作，针对可能发生的不利情况，科学合理地安排查险巡护工作，为巡堤抢险人员提供良好保障。

**（六）严明巡堤查险奖惩制度**

对巡堤查险不负责任、擅离工作岗位、报险不及时、抢险处置不当而造成不良后果的，要按有关规定给予巡堤查险负责人和当事人严肃的经济处罚或党政纪处分；情节严重的，要依法追究其法律责任。对巡堤查险责任心强、发现险情及时、抢险预警和抢护除险有功人员，应及时给予表彰鼓励和物质奖励。

## 七、巡堤查险注意事项

（1）巡查工作要做到统一领导，分段分项负责。要确定检查内容、路线及检查时间（或次数），把任务分解到班组，落实到人。

（2）巡查人员必须熟悉堤坝情况，切实了解堤防、险工现状，并随时掌握工情、水情、河势的变化情况，做到心中有数，以便预筹抢护措施。巡查小组力求固定，一旦成立，全汛期不变。巡查人员要按照要求填写检查记录（表格应统一规定）。发现异常情况时，应详细记述时间、部位、险情和绘出草图，同时记录水位和气象等有关资料，必要时应测图、摄影或录像，并及时采取应急措施，上报主管部门。

（3）防汛队伍上堤后，先清除责任段内妨碍巡堤查险的障碍物，以免妨碍视线和影响巡查，防守期间，要及时平整堤顶，填垫水沟浪窝，捕捉害

堤动物,检查处理堤防隐患,清除高秆杂草、蒺藜棵。在背水堤脚、临背水堤坡及临水水位以上 0.5 m 处,整修查水小道,临水查水小道应随着水位的上升不断整修。要维护工程设施的完整,如护树草、护电线、护料物、护测量标志等。

(4)防汛队伍上堤防守期间,应严格按照国家防汛抗旱总指挥部《巡堤查险工作规定》及巡堤查水和抢险技术各项规定进行拉网式巡查,采用按责任堤段分组次、昼夜轮流的方式进行,相邻队组要越界巡查。对险工险段、砂基堤段、穿堤建筑物、堤防附近洼地、水塘等易出险区域,要扩大查险范围,加强巡查力量,发现问题,及时判明情况,采取恰当处理措施,遇有较大险情,应及时向上级报告。

(5)堤防巡查人员必须精力集中,认真负责,不放松一刻,不忽视一点,注意"五时",做到"五到""三清""三快"。

"五时":黎明时(人最疲乏),吃饭及换班时(巡查容易间断),天黑时(能见度低),刮风下雨时(最容易出险),落水时(人的思想最容易松懈麻痹)。

"五到":眼到(如看水流缓急、溜向变化、有无漩涡,堤根有无渗水、管涌等);手到(要用手检查防护工程的签桩是否松动,桩上的绳缆、铅丝松紧是否合适,水面有漩涡处要用摸水杆随时探摸);耳到(随时注意水流、风浪声有无异常,坝岸有无坍塌声音);脚到(注意脚下有无发软情况,背河有积水时赤脚试其温凉,新渗出的水发凉,雨水温度较高);工具料物随人到(应随身携带铁锹、摸水杆、草捆等,以便遇到险情时及时抢堵)。

"三清":出现险情原因要查清,报告险情要说清,报警信号和规定要记清。

"三快":发现险情要快,报告险情要快,抢护险情要快。

(6)按照险情早发现、不遗漏的要求,根据水位(流量)、堤防质量、堤防等级等,确定巡堤查险人员的数量和查险方式。遇较大水情或特殊情况,应加派巡查人员、加密巡查频次,必要时应 24 h 不间断巡查。

(7)发现险情后,应迅速判明险情类别,如果是一般险情,应指定专人定点观测或适当增加巡查次数,及时采取处理措施,并向上一级报告,在特定情况下可边抢护、边上报、边做好抢大险的准备工作。如果是严重

险情,应立即采取抢护措施,并立即按照规定时间要求向上级报告。

（8）汛期当发生暴雨、台风、地震、水位骤升骤降及持续高水位或发现堤坝有异常现象时,应增加巡查次数,必要时应对可能出现重大险情的部位实行昼夜连续监视。

（9）应合理安排巡堤查险人员的就餐及轮流休息,保持巡堤查险人员精力充沛,防止因疲劳过度造成巡堤查险工作缺漏和失误。

（10）提高警惕,防止一切破坏活动,保护工程安全。

# 第三节　巡堤查险实例

## 一、2005 年陕西省渭南市渭河巡堤查险

2005 年 10 月,黄河的最大支流渭河受秦岭北麓地区长时间、大范围强降雨影响,干、支流洪水暴涨,渭河临潼站最大洪峰流量达 5 270 m³/s,华县站最大洪峰流量达 4 820 m³/s,为该站 1981 年以来发生的最大洪水。整个渭河堤防全线临水,南山支流普遍倒灌,面对肆虐的洪魔,抗洪抢险取得全面胜利,最大限度地减少了灾害损失,实现了“确保干支流堤防不决口,确保城区不进水,确保不死人”（渭河防汛目标）的目标。其中,除各级领导高度重视,渭南军民齐心协力,众志成城,协同作战,奋起抗击是渭河抗洪抢险胜利的重要因素外,渭河巡堤查险到位,防范有力也是关键因素,对指导其他江河、湖泊堤防巡堤查险工作具有重要的意义。

2005 年的渭河抗洪工作中,把巡堤查险工作当作防汛抢险的重中之重,调集一切力量严防死守渭河干支流堤防,牢牢掌握防汛抢险的主动权。省、市先后制定了《陕西省巡堤查险工作细则》《渭南市防汛抗洪巡堤查险责任制实施办法》《渭南市巡堤查险要求》等,进一步完善规范了巡堤查险、报险、抢险等制度,严格实行“五个坚持”（坚持主要领导挂帅、全力以赴巡堤查险制、坚持岗位责任制、坚持半小时轮回巡查制、坚持排班记录制、坚持谁分管谁负责的原则）,建立完善了各级领导挂帅,统一协调指挥,县、乡、村分级负责,以村民为主,党政机关干部职工参与,部队解放军重点巡查把守,水务、河务等有关部门单位负责技术指导,纪检、监察、组织、人事等部门负责跟踪督查的巡堤查险机制。在防汛的关键时

期,渭南市地方政府首长明确提出"沿渭五县市区的书记把主要精力和工作重心放在巡堤查险上,动用一切手段,确保堤防安全"的命令,沿渭各级政府负责人均昼夜坚守在巡堤查险一线,组织沿渭干部职工和群众上堤巡查,提前接通巡堤查险照明设施,抢险物料提前到位,流动物料运输车随时整装待命,并将报险电话公布在堤上,为第一时间抢险创造了良好条件。为了保证渭河干支堤不失守,渭南市防指及时与军分区联系,请调部队把守险工险段,协调蒲城、澄城、合阳三县组织 700 多人支援巡堤查险工作。陕西黄河小北干流管理局、陕西省三管局积极协助搞好技术指导。渭河在抗洪抢险中汲取的经验就是:与其决口后抢堵,还不如决口前防守。洪水期间,地方干部群众及各行业人员冒雨上堤、昼夜查险,变"巡堤查险"为"巡堤除险",对发现的险情及时进行了处置。

2005 年 10 月洪水,渭河下游堤防全线临水,偎水长度总计 227.4 km,偎水平均水深 1.5 m,最大水深 4.0 m。造成了渭河库区段许多地方先后出险,许多工程和设施发生严重损毁,其中堤防共计发生险情 95 处,较大险情 5 处,河道工程全部淹没,43 处工程 260 座坝垛、护岸段发生不同程度的根石走失、坡石坍塌、土胎外露、坝身裂缝、坝头墩蛰、坝裆后溃等险情,工程管理和水文测验等设施严重水毁。期间,渭南市组织 89 个市级部门和驻渭单位 3 000 多名干部职工按照责任区段在渭南市城区沿渭堤防巡查。全市组织的 635 支巡堤查险队伍和 239 支村级抢险队伍、7.68 万名干部群众、4 410 名解放军指战员、武警官兵日夜坚守在长 158 km 的渭河大堤和 117 km 的南山支流堤防,领导每半小时巡查一次,堤上 5 m 一人反复轮回巡查,严加防范,及时发现并报告险情,先后共排查各类险情 637 处,做到抢早抢小。在洪水全线出槽漫滩,大堤及生产围堤全面临水(水深 1~2 m),南山支流严重倒灌,堤防全面告急的情况下,确保了无一处垮堤,无一处决口,无一人伤亡,创造了抗洪抢险的奇迹。不间断地巡堤查险和严格地督查,真正实现了由被动抢险向主动防范转变,以防为主,防抢结合确保了渭河干支流堤防不发生决口。

## 二、其他实例

### (一)1998 年湖北省枝江市长江巡堤查险

湖北省枝江在 1998 年防汛抢险中总结出巡堤查险十法:"分段包干、

分组编班、登记造册、领导带班、巡查培训、挂牌佩标、精心查险、交接签字、三级督查、奖惩分明",取得了良好的效果。

**(二)2010年安徽省芜湖市洪湖巡堤查险**

安徽芜湖市在2010年四湖流域上游和洪湖地区发生百年罕见洪水,93.14 km洪湖围堤和168 km下内荆河堤全线超警戒。为了确保四湖围堤、下内荆河堤段人民生命财产的安全,洪湖市四湖防汛指挥部建立了"巡查领导包保责任制、巡堤查险公示制、巡堤查险适时监控制、工程技术人员定岗制、查险奖惩制、日通报制"六项制度,加强巡堤查险工作,有序地群防群控、有效地抗灾抢险,收到了良好的效果。

# 第四章 堤防工程常见险情抢护

堤防工程是防御洪水的主要屏障:当堤防工程出险后,要立即查看出险情况,分析出险原因,按照抢早抢小、因地制宜、就近取材的原则,有针对性地采取有效措施,及时进行抢护,以防止险情扩大,保证工程安全。一般来讲,堤防工程的常见险情主要有漫溢、渗水、管涌、滑坡、漏洞、风浪、裂缝、坍塌、跌窝等九种险情,本章对各种险情的出险原因、险情鉴别、抢护原则、抢护方法、注意事项等详细进行介绍。

## 第一节 防漫溢抢险

### 一、险情说明

漫溢是洪水漫过堤、坝顶的现象。堤防工程多为土体填筑,抗冲刷能力差,一旦溢流,冲塌速度很快,如果抢护不及时,会造成决口。当遭遇超标准洪水、台风等原因,根据洪水预报,洪水位(含风浪高)有可能超越堤顶时,为防止漫溢溃决,应迅速进行加高抢护。

据记载,黄河下游自公元前168年(西汉文帝十二年)到1840年(清道光二十年)的2 008年间有316年决溢;1841～1938年的98年间有64年决溢。黄河下游每次决溢多是由于堤防工程低矮、质量差、隐患多,发生大暴雨漫溢造成的。由于黄河是"地上河",决口灾害极为严重。常常有整个村镇甚至整个城市或其大部分被淹没的惨事,造成毁灭性的灾害。长江遇到超标准洪水,水位暴涨,并超过堤顶高程,抢护不及而漫溢成灾的事例也屡有发生。如1931年7月底,湖北长江四包公堤肖家洲洪水位高出堤顶近2 m,造成全堤漫决。

### 二、原因分析

一般造成堤防工程漫溢的原因是:

（1）由于发生降雨集中，强度大，历时长的大暴雨，河道宣泄不及，实际发生的洪水超过了堤防的设计标准，洪水位高于堤顶。

（2）设计时，对波浪的计算与实际不符，发生大风大浪时最高水位超过堤顶。

（3）堤顶未达设计高程，或因地基有软弱层，填土碾压不实，产生过大的沉陷量，使堤顶高程低于设计值。

（4）河道内存在阻水障碍物，如未按规定在河道内修建闸坝、桥涵、渡槽以及盲目围垦、种植片林和高秆作物等，形成阻水障碍，降低了河道的泄洪能力，使水位壅高而超过堤顶。

（5）河道发生严重淤积，过水断面缩小，抬高了水位。

（6）主流坐弯，风浪过大，以及风暴潮、地震等壅高水位。

### 三、漫溢险情的预测

对已达防洪标准的堤防工程，当水位已接近设防水位时以及对尚未达到防洪标准的堤防工程洪水位已接近堤顶，应及时根据水文预报和气象预报，分析判断更大洪水到来的可能性以及水位可能上涨的程度。为防止洪水可能的漫溢溃决，应在更大洪峰到来之前抓紧在堤顶临水侧部位抢筑子堰。

一般根据上游水文站的水文预报，通过洪水演进计算的洪水位准确度较高。没有水文站的流域，可通过上游雨量站网的降雨资料，进行产汇流计算和洪水演进计算，作洪峰和汇流时间的预报。目前气象预报已具有了比较高的准确程度，能够估计洪水发展的趋势，从宏观上提供加筑子堰的决策依据。

大江大河平原地区行洪需历经一定时段，这为决策和抢筑子堰提供了宝贵的时间，而山区性河流汇流时间就短得多，抢护更为困难。

### 四、抢护原则

险情的抢护原则是"预防为主，水涨堤高"。当洪水位有可能超过堤（坝）顶时，为了防止洪水漫溢，应迅速果断地抓紧在堤坝顶部，充分利用人力、机械，因地制宜，就地取材，抢筑子堤（埝），力争在洪水到来之前完成。

## 五、抢护方法

防漫溢抢护,常采用的方法是:运用上游水库进行调蓄,削减洪峰,加高加固堤防工程,加强防守,增大河道宣泄能力,或利用分洪、滞洪和行洪措施,减轻堤防工程压力;对河道内的阻水建筑物或急弯壅水处,如黄河下游滩区的生产堤和长江中下游的围垸,应采取果断措施进行拆除清障,以保证河道畅通,扩大排洪能力。本节对防止堤(坝)顶部洪水漫溢的一般性抢护方法介绍如下。

### (一)纯土子堤(埝)

纯土子堤应修在堤顶靠临水堤肩一边,其临水坡脚一般距堤肩0.5~1.0 m,顶宽1.0 m,边坡不陡于1:1,子堤顶应超出推算最高水位0.5~1.0 m。在抢筑前,沿子堤轴线先开挖一条结合槽,槽深0.2 m,底宽约0.3 m,边坡1:1。清除子堤底宽范围内原堤顶面的草皮、硬化路面及杂物,并把表层刨松或犁成小沟,以利新老土结合。在条件允许时,应在背河堤脚50 m以外取土,以维护堤坝的安全,如遇紧急情况可用汛前堤上储备的土料——土牛修筑,在万不得已时也可临时借用背河堤肩浸润线以上部分土料修筑。土料宜选用黏性土,不要用沙土或有植物根叶的腐殖土及含有盐碱等易溶于水的物质的土料。填筑时要分层填土夯实,确保质量(见图4-1)。此法能就地取材,修筑快,费用省,汛后可加高培厚成正式堤防工程,适用于堤顶宽阔、取土容易、风浪不大、洪峰历时不长的堤段。

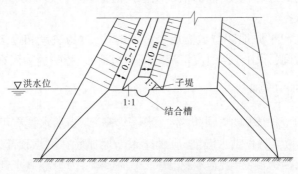

图4-1　纯土子堤示意图

### （二）土袋子堤

土袋子堤适用于堤顶较窄、风浪较大、取土较困难、土袋供应充足的堤段。一般用草袋、麻袋或土工编织袋，装土七八成满后，将袋口缝严，不要用绳扎口，以利铺砌。一般用黏性土，颗粒较粗或掺有砾石的土料也可以使用。土袋主要起防冲作用，要避免使用稀软、易溶和易于被风浪冲刷吸出的土料。土袋子堤距临水堤肩0.5～1.0 m，袋口朝向背水，排砌紧密，袋缝上下层错开，上层和下层要交错掩压，并向后退一些，使土袋临水形成1:0.5、最陡1:0.3的边坡。不足1.0 m高的子堤，临水叠砌一排土袋，或一丁一顺。对较高的子堤，底层可酌情加宽为两排或更宽些。土袋后面修土戗，随砌土袋，随分层铺土夯实，土袋内侧缝隙可在铺砌时分层用沙土填垫密实，外露缝隙用麦秸、稻草塞严，以免土料被风浪抽吸出来，背水坡以不陡于1:1为宜。子堤顶高程应超过推算的最高水位，并保持一定超高（见图4-2）。

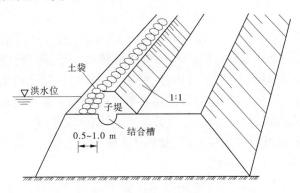

图4-2　土袋子堤示意图

在个别堤段，如即将漫溢，来不及从远处取土时，在堤顶较宽的情况下，可临时在背水堤肩取土筑子堤（见图4-3）。这是一种不得已抢堵漫溢的措施，不可轻易采用。待险情缓和后，即抓紧时间，将所挖堤肩土加以修复。

土袋子堤的优点是用土少而坚实，耐水流风浪冲刷，在1958年黄河下游抗洪抢险和1954年、1998年长江防汛抢险中均广泛应用。

### （三）桩柳（木板）子堤

当土质较差，取土困难，又缺乏土袋时，可就地取材，采用桩柳（木

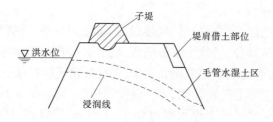

图 4-3　堤肩借土示意图

板)子堤。它的具体做法是:在临水堤肩 0.5~1.0 m 处先打木桩一排,桩长可根据子堤高而定,梢径 5~10 cm,木桩入土深度为桩长的 1/3~1/2,桩距 0.5~1.0 m。将柳枝、秸料或芦苇等捆成长 2~3 m,直径约 20 cm 的柳把,用铅丝或麻绳绑扎于木桩后(亦可用散柳厢修),自下而上紧靠木桩逐层叠放。在放置第一层柳把时,先在堤顶上挖深约 0.1 m 的沟槽,将柳把放置于沟内。在柳把后面散放秸料一层,厚约 20 cm,然后分层铺土夯实,做成土戗。土戗顶宽 1.0 m,边坡不陡于 1:1,具体做法与纯土子堤相同。此外,若堤顶较窄,也可用双排桩柳子堤。排桩的净排距 1.0~1.5 m,相对绑上柳把、散柳,然后在两排柳把间填土夯实。两排桩的桩顶可用 16~20 号铅丝对拉或用木杆连接牢固。在水情紧急缺乏柳料时,也可用木板、门板、秸箔等代替柳把,后筑土戗。

常用的几种桩柳(木板)子堤如图 4-4 所示。

**(四)柳石(土)枕子堤**

当取土困难,土袋缺乏而柳源又比较丰富时,适用此法。具体做法是:一般在堤顶临水一边距堤肩 0.5~1.0 m 处,根据子堤高度,确定使用柳石枕的数量。如高度为 0.5 m、1.0 m、1.5 m 的子堤,分别用 1 个、3 个、6 个枕,按品字形堆放。第一个枕距临水堤肩 0.5~1.0 m,并在其两端最好打木桩 1 根,以固定柳石(土)枕,防止滚动,或在枕下挖深 0.1 m 的沟槽,以免枕滑动和防止顺堤顶渗水。枕后用土做戗,戗下开挖结合槽,刨松表层土,并清除草皮杂物,以利结合。然后在枕后分层铺土夯实,直至戗顶。戗顶宽一般不小于 1.0 m,边坡不陡于 1:1,如土质较差,应适当放缓坡度(见图 4-5)。

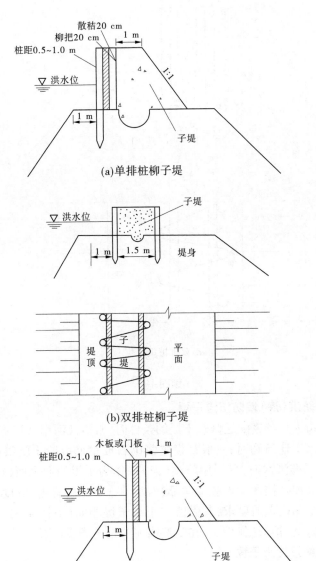

(a)单排桩柳子堤

(b)双排桩柳子堤

(c)单排桩板子堤

图4-4　桩柳(木板)子堤示意图

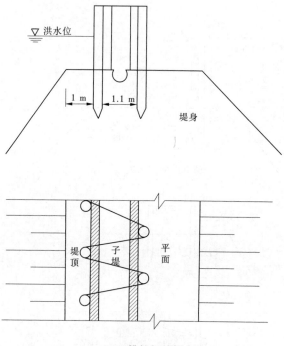

(d)双排桩板子堤

续图 4-4

### (五)防洪(浪)墙防漫溢子堤

当城市人口稠密缺乏修筑土堤的条件时,常沿江河岸修筑防洪墙;当有涵闸等水工建筑物时,一般都设置浆砌石或钢筋混凝土防洪(浪)墙。当遭遇超标准洪水时,可利用防洪(浪)墙作为子堤的迎水面,在墙后利用土袋加固加高挡水。土袋应紧靠防洪(浪)墙背后叠砌,宽度、高度均应满足防洪和稳定的要求,其做法与土袋子堤相同(见图 4-6)。但要注意防止原防洪(浪)墙倾倒,可在防浪墙前抛投土袋或块石。

### (六)编织袋土子堤

使用编织袋修筑子堤,在运输、储存、费用,尤其是耐久性方面,都优于以往使用的麻袋、草袋。最广泛使用的是以聚丙烯或聚乙烯为原料制成的编织袋。用于修做子堤的编织袋,一般宽为 0.5 ~ 0.6 m,长为 0.9 ~ 1.0 m,袋内装土质量为 40 ~ 60 kg,以利于人工搬运。当遇雨天道路泥泞

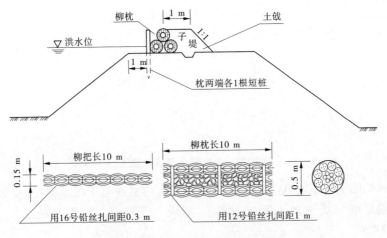

图 4-5 柳石(土)枕子堤示意图

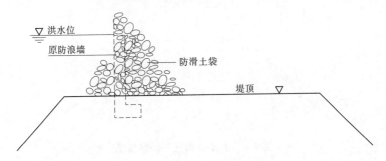

图 4-6 防洪(浪)墙土袋示意图

又缺乏土料时,可采用编织袋装土修筑编织袋土子堤(最好用防滑编织袋),编织袋间用土填实,防止涌水。子堤位置同样在临河一侧,顶宽1.5~2.0 m,边坡可以陡一些。当流速较大或风浪大时,可用聚丙烯编织布或无纺布制成软体排,在软体下端缝制直径 30~50 cm 的管状袋。在抢护时将排体展开在临河堤肩,管状袋装满土后,将两侧袋口缝合,滚排成捆,排体上端压在子堤顶部或打桩挂排,用人力一齐推滚排体下沉,直至风浪波谷以下,并可随着洪水位升降变幅进行调整(见图4-7)。

**(七)土工织物土子堤**

土工织物土子堤的抢护方法,基本与纯土子堤相同,不同的是将堤坡

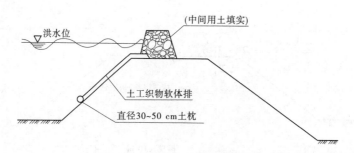

图 4-7　编织袋土子堤示意图

防风浪的土工织物软体排铺设高度向上延伸覆盖至子堤顶部,使堤坡防风浪淘刷和堤顶防漫溢的软体排构成一个整体,收到更好效果(见图 4-8)。

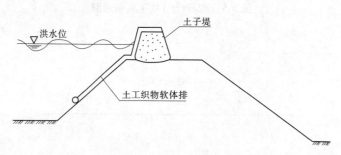

图 4-8　土工织物土子堤示意图

### (八)橡胶子堤

橡胶子堤是以水作坝体填充材料,快速组成防洪子堤,可防御超 0.8 m 的洪水,抵御 0.3 m 的风浪。充水式橡胶子堤由充水胶囊和防护垫片构成,主要用于加高堤坝、拦截洪水、做成围堰阻滞洪水漫溢。它的特点是质量轻、耐压强度高、气密性能优良,是一种轻便、灵活、可反复使用的新型防汛抢险材料。

充水胶囊的主体材料是高强力耐老化橡胶,由 3 个 $\phi 0.8$ m、长 10 m 的胶囊组合而成,3 个胶囊用 6 组三连环固定在一起,形成一个稳定的三角形状态。3 个胶囊充满水后总容积为 15 m³,总质量达 15 t,在此压力下加大对下护坦的正压力,防止子堤向外滑移。充水后高度达 1.2 m,可以支撑护坦,同时胶囊和护坦经组装成一体后,增加稳定性。

护坦布(防护垫片)是以特制土工膜为基材,经粘接、铆合而成,其主要功能是防渗、防撞击和防止胶囊滑移。护坦布分为上护坦布和下护坦布。上护坦布长 10 m,宽 3.85 m,两端分别装有受拉和水密封装置(也称连接装置),可根据长度要求任意连接,主要功能是连接护坦布长度,确保连接处的水密封性,保护水囊不受损伤;下护坦布长 10.3 m,宽 2.85 m,与堤基接触,水囊放置在下护坦布上,充满水后对下护坦布产生较大压力,增大护坦与地面之间的摩擦力。护坦布的使用方法及注意事项如下:

(1)清除杂物,简单平整堤顶。

(2)开挖沟槽。在堤坝迎水面开一条 30 cm×30 cm 的沟槽,要求平直,拐弯半径大。

(3)上护坦布的对接。根据防洪要求,将数块护坦布展开对齐,把护坦布之间的凸凹咬合不产生离缝。

(4)水密胶囊安装。上护坦布对接好以后,将凹凸槽上方已固定好的密封胶布展平,再将胶囊平直放在密封胶布上,充气嘴指向背水面,然后将尼龙搭扣拉平扣好,向胶囊内充入 40~60 mm 汞柱压缩空气。

(5)护坦布的固定。把下护坦布末端埋入沟槽并夯实,埋入深度不少于 30 cm。

(6)摆放子堤胶囊。在距下护坦布边缘 20 cm 处摆放左右两个胶囊,水嘴指向背水面,白色"+"字标记指向上方,套上 6 组三环圆,与白色"+"字对齐,然后装上部胶囊。

(7)胶囊充水。每个胶囊上的水嘴均备有一条长 2 m 的水龙带,将水龙带一端接在水嘴上,另一端接上水龙阀门,用喉箍拧紧,然后分别向下面的两个胶囊里充水,在充水时将排气阀拧松 2~3 扣,使胶囊空气能够排出,当下面两个胶囊充满后,立即拧紧排气阀。然后向上部胶囊充水,按同样程序充水,当胶囊充水高度达 1.2 m 时即可。观察胶囊充水后是否平整,有无漏水点,一切正常即为充水完毕。

(8)搭盖护坦布。如一切正常即可盖上护坦布并用尼龙绳将上下护坦布连接好。

### 六、注意事项

防漫溢抢险应注意的事项是:①根据洪水预报估算洪水到来的时间和最高水位,做好抢修子堤的料物、机具、劳力、进度和取土地点、施工路线等安排。在抢护中要有周密的计划和统一的指挥,抓紧时间,务必抢在洪水到来之前完成子堤。②抢筑子堤务必全线同步施工,突击进行,决不能做好一段,再加一段,决不允许留有缺口或部分堤段施工进度过慢的现象存在。③为了争取时间,子堤断面开始可修得矮小些,然后随着水位的升高而逐渐加高培厚。④抢筑子堤要保证质量,派专人监理,要经得起洪水期考验,绝不允许子堤溃决,造成更大的溃决灾害。⑤临时抢筑的子堤一般质量较差,要派专人严密巡查,加强质量监督,加强防守,发现问题,及时抢护。⑥子堤切忌靠近背河堤肩,否则,不仅缩短了渗径和抬高了浸润线,而且水流漫原堤顶后,顶部湿滑,行人、运料及对继续加高培厚子堤的施工,都极为不利。⑦子堤往往很长,一种材料难以满足。当各堤段使用不同材质时,应注意处理好相邻段的接头处,要有足够的长度衔接。

### 七、抢险实例

#### (一)黄河山东堤段抢修子堤战胜洪水实例

1. 险情概况

1958年7月17日17时,黄河花园口站出现洪峰流量22 300 m³/s,为黄河有水文实测记录以来的最大洪水。19日16时洪峰到达高村站,流量17 900 m³/s;22日到艾山站,洪峰流量12 600 m³/s;23日到泺口站,洪峰流量11 900 m³/s;25日到利津站,洪峰流量为10 400 m³/s。这次洪水洪峰高,水量大,来势凶猛,持续时间长,含沙量小。花园口站大于10 000 m³/s流量持续81 h,12 d洪水总量88.85亿 m³。

由于山东境内河道狭窄,此次洪水位表现较高,再加上花园口19日又出现14 600 m³/s的洪峰,两峰到山东河段汇合,水位尤高,堤根水深一般2~4 m,个别堤段深达5~6 m。大堤出水仅1 m多,洪水位已高于保证水位0.8~1 m。部分危险堤段洪水位几乎与堤平,险工坝岸几乎与水平,多处险工坝岸水漫坝顶。

东平湖湖水位以8~14 cm/h的速度急剧上涨,安山最高水位44.81

m,超出保证水位 1.31 m,超蓄水量 3.8 亿 m³。有 44 km 长湖堤洪水超过堤顶 0.01 ~ 0.4 m。又加上遭遇 5 级东北风袭击,情势险恶万分。山东河道两岸堤防工程和东平湖堤防工程均处于十分严峻的危险局面。

2. 工程抢险

根据水情、雨情和工情,黄河防汛总指挥部提出不分洪、加强防守、战胜洪水的意见,征得河南、山东两省同意,并报告国家防总。周恩来总理亲临黄河下游视察后,决定采取"依靠群众,固守大堤,不分洪、不滞洪,坚决战胜洪水"的方针。豫、鲁两省坚决贯彻执行,决心全力以赴,加强防守,确保安全。动员 200 多万军民上堤防守抢护,同时紧急抢修子堤。

在此危急时刻,山东军民在东阿以下临黄大堤和东平湖堤上全线抢修子堤,经过 19 h 的奋力拼抢,共抢修高 1 ~ 2 m 的子堤长 600 km,在 2 000 多段(座)险工坝岸上用土袋及柳石料加高 1 ~ 2 m,防止了河湖堤防漫溢成灾,战胜了新中国成立以来首次出现的特大洪水(见图 4-9)。

图 4-9　1958 年黄河大洪水加高堤坝抢护场景

## (二)武汉市沿江堤防工程防浪墙防漫溢子堤

1. 险情概况

武汉市沿江堤防均修有防浪墙,墙顶高程按 1931 年武汉关最高洪水位 28.28 m,加上超高 0.6 ~ 0.7 m 确定。1954 年长江发生大洪水,最高洪水位达 29.73 m,超过防浪墙顶 0.8 m 左右。由于内填土及修筑子堤,防浪墙承受土压力增大,同时高洪水位超过防浪墙顶历时长,水漫入墙后

填土,使土壤达到饱和状态,从而附加水压力,因而部分堤段防浪墙倾倒失事。

**2. 工程抢险**

为防止洪水漫溢堤顶淹没汉口,在防浪墙内侧填土抢修土堤,堤顶高程略低于防浪墙顶,然后在土堤与防浪墙顶上修筑土袋子堤,在防浪墙外侧抛投块石。随着洪水位上涨,子堤不断加高,土袋最高达 11 层,高度超过 2 m(见图 4-10)。

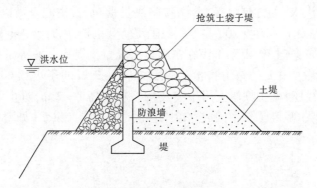

**图 4-10 武汉市沿江堤防工程漫溢抢修子堤示意图**

**(三)湖北石首市长江调关以下堤段漫溢抢险**

**1. 险情概况**

湖北石首市长江调关以下堤段设计堤顶高程 38.60~39.50 m,比 1954 年最高水位超高 1 m,堤面宽 5.5~6 m,内外坡 1:3,堤身 5.6~7 m。石首河段按照 50 年一遇或 80 年一遇洪水的泄洪能力为 38 500 $m^3/s$。1998 年第六次洪峰经过石首段的流量为 46 900 $m^3/s$,造成下顶上压,水位屡创新高,造成了子堤作为抵御特大洪水最后屏障的局面。调关以下共 4 次抢险加高加固子堤。

**2. 工程抢险**

1954 年 6 月 26 日,根据湖北石首市防汛指挥部的要求,动用民工 2 万人,历时 2 d,完成土方 2 万多 $m^3$,抢筑一道顶宽 0.5 m、高 0.5 m、底宽 1.5 m 的子堤。7 月 18 日,长江第二次洪峰安全经过调关。第三次洪峰预报调关水位将达 39.0 m,部分堤段子堤将挡水,子堤必须加高至 0.8 m,顶宽加至 0.6 m,底宽加至 2 m。7 月 26 日长江第三次洪峰顺利通过

调关,洪峰水位 39.0 m,干堤鹅公凸段 400 m 子堤挡水。

7 月 29 日获悉长江第四次洪峰将于 8 月 9 日左右到达调关,水位将达 39.80 m,子堤再次加高到 1.2 m,顶宽 1 m,底宽 2.5 m。8 月 9 日 8 时,第四次洪峰通过调关,洪峰水位 39.76 m,子堤挡水深 0.2 ~ 0.6 m。由于高水位持续浸泡时间长,在第五次洪峰到来之前,又对全线子堤进行了加固。8 月 13 日 19 时,调关水位 39.74 m,水位仍在缓慢上涨,长江第五次洪峰尚未通过,上游更大的第六次洪峰已经形成,预报水位将达 40.40 m。3 万多军民奋战两昼夜,抢运土方近 10 万 m³,子堤再次加至高 1.7 ~ 2.2 m,顶宽 1.5 ~ 2.2 m,底宽 2 ~ 4 m。8 月 17 日 11 时经上游水库成功调节错峰后的长江第六次特大洪峰抵达调关,洪峰水位 40.10 m,子堤挡水深度 0.5 ~ 1.2 m。

3.经验及做法

1998 年长江干堤调关以下全线漫溢成功抢护的主要经验及做法如下:

(1)子、母堤的有效衔接。母堤为砂石堤面,透水性强。所以,一是消除母堤外肩草质和砂石层,降低透水性;二是适当加宽子堤,延长渗透;三是子堤层层捣实(木桩捣、踩)。

(2)新旧土体的有效结合。子堤加高加固时,新旧土体间容易出现较大缝隙,留有隐患。所以,一定要消除旧土体表面覆盖物及其土表层,用湿度相近的疏松泥土与新土体结合,避免新旧土体间出现缝隙,减小渗水。

(3)子堤防浪。调关全段子堤临水面大多由 7 ~ 12 层编织袋层层错开垒成,防浪作用良好。有些重点堤段,风大浪高,子堤很容易被淘空,所以又采用了两种防浪措施,一是覆盖土工布或油布等,二是打桩固枕(柴枕、柳枕)。

# 第二节 渗水(散浸)抢险

## 一、险情说明

汛期高水位历时较长时,在渗压作用下,堤前的水向堤身内渗透,堤

身形成上干下湿两部分,干湿部分的分界线,称为浸润线。如果堤防工程土料选择不当,施工质量不好,渗透到堤防工程内部的水分较多,浸润线也相应抬高,在背水坡出逸点以下,土体湿润或发软,有水渗出的现象,称为渗水(见图4-11和图4-12)。渗水也叫散浸或洇水,是堤防工程较常见的险情之一。即使渗水是清水,当出逸点偏高,浸润线抬高过多时,也要及时处理。若发展严重,超出安全渗流限度,即可能成为严重渗水,导致土体发生渗透变形,形成脱坡(或滑坡)、管涌、流土、陷坑甚至漏洞等险情。如1954年长江大水,荆江堤段发生渗水险情235处,长达53.45 km。1958年黄河发生大洪水,下游堤段发生渗水险情,长达59.96 km。

图 4-11　背河堤脚渗水

## 二、原因分析

堤防工程发生渗水的主要原因是:

(1)水位超过堤防工程设计标准或超警戒水位持续时间较长。

(2)堤防工程断面不足,浸润线在背水坡出逸点偏高。

(3)堤身土质多沙,尤其是成层填筑的沙土或粉沙土,透水性强,又无防渗斜墙或其他有效控制渗流的工程设施。

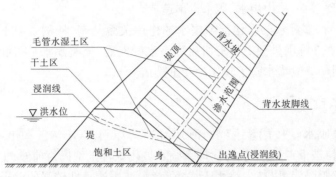

图 4-12　堤身渗水示意图

（4）堤防工程修筑时，土粒多杂质，有干土块或冻土块，碾压不实，施工分段接头处理不密实。

（5）堤身、堤基有隐患，如蚁穴、树根、鼠洞、暗沟等。

（6）堤防工程与涵闸等水工建筑物结合部填筑不密实。

（7）堤基土壤渗水性强，堤背排水反滤设施失效，浸润线抬高，渗水从坡面逸出等。

（8）堤防工程的历年培修，使堤内有明显的新老结合面缝隙存在。

## 三、险情判别

渗水险情的严重程度可以从渗水量、出逸点高度和渗水的浑浊情况等三个方面加以判别，目前常从以下几方面区分险情的严重程度：

（1）堤背水坡严重渗水或渗水已开始冲刷堤坡，使渗水变浑浊，有发生流土的可能，证明险情正在恶化，必须及时进行处理，防止险情的进一步扩大。

（2）渗水是清水，但如果出逸点较高（黏性土堤防工程不能高于堤坡的 1/3，而对于沙性土堤防工程，一般不允许堤身渗水），易引发堤背水坡滑坡、漏洞及陷坑等险情，也要及时处理。

（3）渗水为少量清水，出逸点位于堤脚附近，经观察并无发展，同时水情预报水位不再上涨或上涨不大时，可加强观察，注意险情的变化，暂不处理。

（4）其他原因引起的渗水。通常与险情无关，如堤背水坡河道水位

以上出现渗水,系由雨水、积水排出造成。

(5)许多渗水的恶化都与雨水的作用关系甚密,特别是填土不密实的堤段。在降雨过程中应密切注意渗水的发展,该类渗水易引起堤身凹陷,从而使一般渗水险情转化为严重险情。

## 四、抢护原则

以"临水(河)截渗,背水(河)导渗"为原则,减小渗压和出逸流速,抑制土粒被带走,稳定堤身。即在临水坡用黏性土壤修筑前戗,也可用篷布、土工膜隔渗,以减少渗水入堤;在背水坡用透水性较强的砂子、石子、土工织物或柴草反滤,通过反滤,将已入渗的水,有控制地只让清水流走,不让土粒流失,从而降低浸润线,保持堤身稳定。切忌在背水坡面用黏性土压渗,这样会阻碍堤身内的渗流逸出,势必抬高浸润线,导致渗水范围扩大和险情加剧。

在抢护渗水险情之前,还应首先查明发生渗水的原因和险情的程度,结合险情和水情,进行综合分析后,再决定是否采取措施及时抢护。如堤身因浸水时间较长,在背水坡出现散浸,但坡面仅呈现湿润发软状态,或渗出少量清水,经观察并无发展,同时水情预报水位不再上涨,或上涨不大时,可加强观察,注意险情变化,暂不作处理。若遇背水坡渗水很严重或已开始出现浑水,有发生流土的可能,则证明险情在恶化,应采取临河防渗、背河导渗的方法,及时进行处理,防止险情扩大。

## 五、抢护方法

### (一)临河截渗

为增加阻水层,以减少向堤身的渗水量,降低浸润线,达到控制渗水险情发展和稳定堤身堤基的目的,可在临河截渗。一般根据临水的深度、流速,对风浪不大、取土较易的堤段,均可采用临河截渗法进行抢护。临河截渗有以下几种方法。

1. 黏土前戗截渗

当堤前水不太深,风浪不大,水流较缓,附近有黏性土料,且取土较易时,可采用此法。具体做法是:①根据渗水堤段的水深、渗水范围和渗水严重程度确定修筑尺寸。一般戗顶宽3~5 m,长度至少超过渗水段两端各 5 m,前戗顶可视背水坡渗水最高出逸点的高度决定,高出水面约 1 m,戗底部以能掩盖堤脚为度。②填筑前应将边坡上的杂草、树木等杂物尽量清除,以免填筑不实,影响戗体截渗效果。③在临水堤肩准备好黏性土料,然后集中力量沿临水坡由上而下,由里向外,向水中缓慢推下,由于土料入水后的崩解、沉积和固结作用,即成截渗戗体(见图 4-13)。填土时切勿向水中猛倒,以免沉积不实,失去截渗作用。如临河流急,土料易被水冲失,可先在堤前水中抛投土袋作隔堤,然后在土袋与堤之间倾倒黏土,直至达到要求高度。

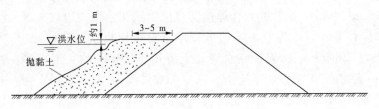

图 4-13 抛黏土截渗示意图

2.桩柳(土袋)前戗截渗

当临河水较浅有溜时,土料易被冲走,可采用桩柳(土袋)前戗截渗。具体做法如下:①在临河堤脚外用土袋筑一道防冲墙,其厚度及高度以能防止水流冲刷戗土为度,防冲墙和随其后的填土同时筑高。如临河水较深,因在水下用土袋筑防冲墙有困难,可做桩柳防冲墙,即在临水坡脚前 1～2 m 处,打木桩或钢管桩一排,桩距 1 m,桩长根据水深和溜势决定。桩一般要打入土中 1/3,桩顶高出水面约 1 m。②在已打好的木桩上,用柳枝或芦苇、秸料等梢料编成篱笆,或者用木杆、竹竿将桩连起来,上挂芦席或草帘、苇帘等。编织或上挂高度,以能防止水流冲刷戗土为度。木桩顶端用 8 号铅丝或麻绳与堤顶上的木桩拴牢。③在抛土前,应清理边坡并备足土料,然后在桩柳墙与堤坡之间填土筑戗。戗体尺寸和质量要求与上述抛填黏土前戗截渗相同,也可将抛筑前戗顶适当加宽,然后在截渗戗台迎水面抛铺土袋防冲(见图 4-14)。

3.土工膜截渗

当缺少黏性土料时,若水深较浅,可采用土工膜加保护层的办法,达到截渗的目的。防渗土工膜种类较多,可根据堤段渗水具体情况选用。

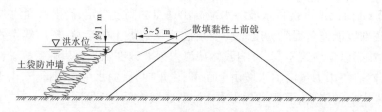

图 4-14　土袋前戗截渗示意图

具体做法是：①在铺设前,应清理铺设范围内的边坡和坡脚附近地面,以免造成土工膜的损坏。②土工膜的宽度和沿边坡的长度可根据具体尺寸预先黏结或焊接(用脉冲热合焊接器)好,以满铺渗水段边坡并深入临水坡脚以外 1 m 以上为宜。顺边坡宽度不足可以搭接,但搭接长应大于0.5 m。③铺设前,一般在临水堤肩上将长 8 ~ 10 m 的土工膜卷在滚筒上,在滚铺前,土工膜的下边折叠粘牢形成卷筒,并插入直径 4 ~ 5 cm 的钢管加重(如无钢管可填充土料、石子等,并用长条型塑料袋装填),以使土工膜能沿边坡紧贴展铺。④土工膜铺好后,应在其上满压一两层内装砂石的土袋,由坡脚最下端压起,逐层错缝向上平铺排压,不留空隙,作为土工膜的保护层,同时起到防风浪的作用(见图 4-15)。

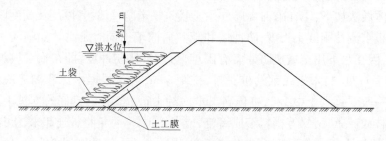

图 4-15　土工膜截渗示意图

**(二)反滤沟导渗**

当堤防工程背水坡大面积严重渗水时,应主要采用在堤背开挖导渗沟、铺设反滤料、土工织物和加筑透水后戗等办法,引导渗水排出,降低浸润线,使险情趋于稳定。但必须起到避免水流带走土颗粒的作用,具体做法简述如下。

1. 砂石导渗沟

堤防工程背水坡导渗沟的形式,常用的有纵横沟、"Y"字形沟和"人"字形沟等。沟的尺寸和间距应根据渗水程度和土壤性质而定。一般沟深0.5~1.0 m,宽0.5~0.8 m,顺堤坡的竖沟一般每隔6~10 m开挖一条。在施工前,必须备足人力、工具和料物,以免停工待料。施工时,应在堤脚稍外处沿堤开挖一条排水纵沟,填好反滤料。纵沟应与附近地面原有排水沟渠连通,将渗水排至远离堤脚外的地方。然后在边坡上开挖导渗竖沟,与排水纵沟相连,逐段开挖,逐段填充反滤料,一直挖填到边坡出现渗水的最高点稍上处。开挖时,严禁停工待料,导致险情恶化。导渗竖沟底坡一般与堤坡相同,边坡以能使土体站得住为宜,其沟底要求平整顺直。如开沟后排水仍不显著,可增加竖沟或加开斜沟,以改善排水效果。导渗沟内要按反滤层要求分层填放粗砂、小石子、卵石或碎石(一般粒径0.5~2.0 cm),大石子(一般粒径4~10 cm),每层厚要大于20 cm。砂石料可用天然料或人工料,但务必洁净,否则会影响反滤效果。反滤料铺筑时,要严格掌握下细上粗,两边细中间粗,分层排列,两侧分层包住的要求,切忌粗料(石子)与导渗沟底、沟壁土壤接触,粗细不能掺合。为防止泥土掉入导渗沟内,阻塞渗水通道,可在导渗沟的砂石料上面铺盖草袋、席片或麦秸,然后压上土袋、块石加以保护(见图4-16和图4-17)。

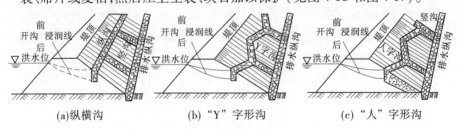

(a)纵横沟　　　　　(b)"Y"字形沟　　　　　(c)"人"字形沟

**图4-16　导渗沟开沟示意图**

2. 梢料导渗沟(又称芦柴导渗沟)

开沟方法与砂石导渗沟相同。沟内用稻糠、麦秸、稻草等细料与柳枝或芦苇、秫秸等粗料,按下细上粗、两侧细中间粗的原则铺放,严禁粗料与导渗沟底、沟壁土壤接触。

铺料方法有两种:一种先在沟底和两侧铺细梢料,中间铺粗梢料,每

(a)砂石导渗沟　　　　　(b)梢料导渗沟　　　　　(c)土工织物导渗沟

**图 4-17　导渗沟铺填示意图**

层厚大于 20 cm,顶部如能再盖以厚度大于 20 cm 的细梢料更好,然后上压块石、草袋或上铺席片、麦秸、稻草,顶部压土加以保护;另一种是先将芦苇、秫秸、柳枝等粗料扎成直径 30~40 cm 的把子,外捆稻草或麦秸等细料厚约 10 cm,以免粗料与堤土直接接触,梢料铺放要粗枝朝上,梢向下,自沟下向上铺,粗细接头处要多搭一些。横(斜)沟下端滤料要与坡脚排水纵沟滤料相接,纵沟应与坡脚外排水沟渠相通。梢料导渗层做好后,上面应用草袋、席片、麦秸等铺盖,然后用块石或土袋压实(见图 4-16 和图 4-17)。

3. 土工织物导渗沟

土工织物导渗沟的开挖方法与砂石导渗沟相同。土工织物是一种能够防止土粒被水流带出的导渗层。如当地缺乏合格的反滤砂石料,可选用符合反滤要求的土工织物,将其紧贴沟底和沟壁铺好,并在沟口边沿露出一定宽度,然后向沟内细心地填满一般透水料,如粗砂、石子、砖渣等,不必再分层。在填料时,要避免有棱角或尖头的料物直接与土工织物接触,以免刺破土工织物。土工织物长宽尺寸不足时,可采用搭接形式,其搭接宽度不小于 20 cm。在透水料铺好后,上面铺盖草袋、席片或麦秸,并压土袋、块石保护。开挖土层厚度不得小于 0.5 m。在坡脚应设置排水纵沟,并与附近排水沟渠连通,将渗水集中排向远处。在紧急情况下,也可用土工织物包梢料捆成枕放在导渗沟内,然后上面铺盖土料保护层。在铺放土工织物过程中应尽量缩短日晒时间,并使保护层厚度不小于 0.5 m(见图 4-17 和图 4-18)。

(三)反滤层导渗

当堤身透水性较强,背水坡土体过于稀软;或者堤身断面小,经开挖

**图 4-18　导渗沟开挖**

试验,采用导渗沟确有困难,且反滤料又比较丰富时,可采用反滤层导渗法抢护。此法主要是在渗水堤坡上满铺反滤层,使渗水排出,以阻止险情的发展。根据使用反滤材料不同,抢护方法有以下几种。

1. 砂石反滤层

在抢护前,先将渗水边坡的软泥、草皮及杂物等清除,清除厚度 20 ～ 30 cm。然后按反滤的要求均匀铺设一层厚 15 ～ 20 cm 的粗砂,上盖一层厚 10 ～ 15 cm 的细石,再盖一层厚 15 ～ 20 cm、粒径 2 cm 的碎石,最后压上块石厚约 30 cm,使渗水从块石缝隙中流出,排入堤脚下导渗沟(见图 4-19)。反滤料的质量要求、铺填方法及保护措施与砂石导渗沟铺反滤料相同。

2. 梢料反滤层(又称柴草反滤层)

按砂石反滤层的做法,将渗水堤坡清理好后,铺设一层稻糠、麦秸、稻草等细料,其厚度不小于 10 cm,再铺一层秫秸、芦苇、柳枝等粗梢料,其厚度不小于 30 cm。所铺各层梢料都应粗枝朝上,细枝朝下,从下往上铺置,在枝梢接头处,应搭接一部分。梢料反滤层做好后,所铺的芦苇、稻草一定露出堤脚外面,以便排水;上面再盖一层草袋或稻草,然后压块石或

65

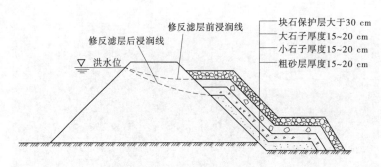

**图 4-19　砂石反滤层示意图**

土袋保护(见图 4-20)。

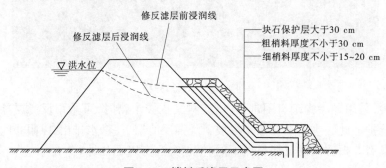

**图 4-20　梢料反滤层示意图**

### 3. 土工织物反滤导渗

当背水堤坡渗水比较严重,堤坡土质松软时,采用此法。具体做法是,按砂石反滤层的要求,清理好渗水堤坡坡面后,先满铺一层符合反滤层要求的土工织物。铺时应使搭接宽度不小于 30 cm。它的下面是否还要满铺一般透水料,可据情况而定,其上面要先满铺一般透水料,最后再压块石、碎石或土袋进行压载(见图 4-21)。

当背水堤坡出现一般渗水时,可覆盖土工织物、压重导渗或做导渗沟(见图 4-22)。

在选用土工织物作滤层时,除要考虑土工织物本身的特性外,还要考虑被保护土壤及水流的特性。根据土工织物特性和大堤的土壤情况,常采用机织型和热黏非机织型透水土工织物,其厚度、孔隙率、孔眼大小及

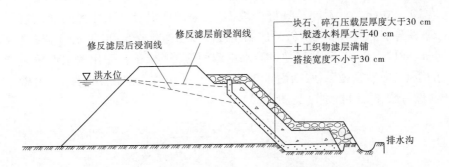

图 4-21　土工织物反滤层示意图

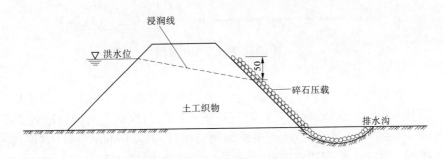

图 4-22　背水坡散浸压坡　（单位:cm）

透水性不随压应力增减而改变。目前生产的土工织物有效孔眼通常为 0.03～0.6 mm。针刺型土工织物,随压力的增加有效孔眼逐渐减小,为 0.05～0.15 mm。对于被保护土壤的特性,常采用土壤细粒含量的多少或土壤特征粒径表示,如 $d_{10}$、$d_{15}$、$d_{50}$、$d_{85}$、$d_{90}$,发展到考虑土壤不均匀系数($C_u = d_{60}/d_{10}$)或相对密度、水力坡降等因素,比较细致和完善地进行分析研究和计算。

### (四)透水后戗(又称透水压渗台)

此法既能排出渗水,防止渗透破坏,又能加大堤身断面,达到稳定堤身的目的。一般适用于堤身断面单薄、渗水严重,滩地狭窄,背水堤坡较陡或背河堤脚有潭坑、池塘的堤段。当背水坡发生严重渗水时,应根据险情和使用材料的不同,修筑不同的透水后戗。

#### 1.沙土后戗

在抢护前,先将边坡渗水范围内的软泥、草皮及杂物等清除,开挖深度 10~20 cm。然后在清理好的坡面上,采用比堤身透水性大的沙土填筑,并分层夯实。沙土后戗一般高出浸润线出逸点 0.5~1.0 m,顶宽 2~4 m,戗坡 1:3~1:5,长度超过渗水堤段两端至少 3 m。采用透水性较大的粗砂、中砂修做后戗,断面可小些;相反,采用透水性较小的细砂、粉砂修做后戗,断面可大些(见图 4-23)。

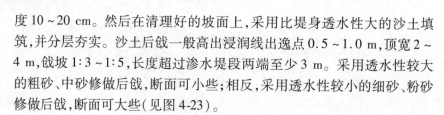

图 4-23　沙土后戗示意图

### 2. 梢土后戗

当附近沙土缺乏时,可采用此法,其外形尺寸以及清基要求与沙土后戗基本相同。地基清好后,在坡脚拟抢筑后戗的地面上铺梢料厚约 30 cm。在铺料时,要分三层,上下层均用细梢料,如麦秸和秫秸等,其厚度不小于 20 cm,中层用粗梢料,如柳枝、芦苇和秫秸等,其厚度 20~30 cm;粗料要垂直堤身,头尾搭接,梢部向外,并伸出戗身,以利排水。在铺好的梢料透水层上,采用沙性土(忌用黏土)分层填土夯实,填土厚 1.0~1.5 m,然后在此填土层上仍按地面铺梢料办法(第一层)再铺第二层梢料透水层,如此层梢层土,直到设计高度。多层梢料透水层要求梢料铺放平顺,并垂直堤身轴线方向,应作成顺坡,以利排水,免除滞水(见图 4-24)。在渗水严重堤段背水坡上,为了加速渗水的排出,也可顺边坡隔一定距离铺设透水带,与梢土后戗同时施工。在边坡上铺放梢料透水带,粗料也要顺堤坡首尾相接,梢部向下,与梢土后戗内的分层梢料透水层接好,以利于坡面渗水排出,防止边坡土料带出和戗土进入梢料透水层,造成堵塞。

## 六、注意事项

在渗水险情抢险中,应注意以下事项:

(1)对渗水险情的抢护,应遵守“临水截渗,背水导渗”的原则。但临水截渗,需在水下摸索进行,施工较难。为了避免贻误时机,应在临水截

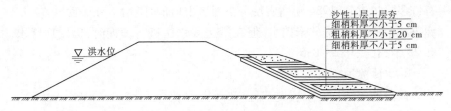

图 4-24　梢土后戗示意图

渗实施的同时,更加注意在背水面做反滤导渗。

(2)在渗水堤段坡脚附近,如有深潭、池塘,在抢护渗水险情的同时,应在堤背坡脚处抛填块石或土袋固基,以免因堤基变形而引起险情扩大。

(3)在土工织物、土工膜等合成材料的运输、存放和施工过程中,应尽量避免或缩短其直接受阳光暴晒的时间,完工后,其表面应覆盖一定厚度的保护层。尤其要注意准确选料。

(4)采用砂石料导渗,应严格按照反滤质量要求分层铺设,并尽量减少在已铺好的面上践踏,以免造成反滤层的人为破坏。

(5)导渗沟开挖型式,从导渗效果看,斜沟("Y"形与"人"形)比竖沟好,因为斜沟导渗面积比竖沟大。可结合实际,因地制宜选定沟的开挖型式,但背水坡面上一般不要开挖纵沟。

(6)使用梢料导渗,可以就地取材,施工简便,效果显著。但梢料容易腐烂,汛后须拆除,重新采取其他加固措施。

(7)在抢护渗水险情中,应尽量避免在渗水范围内来往践踏,以免加大加深稀软范围,造成施工困难和险情扩大。

(8)切忌在背河用黏性土做压渗台,因为这样会阻碍堤内渗流逸出,势必抬高浸润线,导致渗水范围扩大和险情恶化。

## 七、抢险实例

### (一)荆江大堤闵家潭排渗沟和填塘抢护

1.险情概况

闵家潭位于荆江市荆州区荆江大堤桩号 783+700~786+000 处,长 2 300 m,水域面积 26.4 万 m²,是历史上二次溃口冲刷而成,临河距大堤 800~1 000 m 处筑有民垸谢古垸围堤,大洪水时要分洪。本堤段历史上

有许多险情发生,1984 年谢古垸分洪时,翻沙涌水险情十分严重,1972 年谢古垸未分洪,大堤并未挡水,但在潭边浅水区进行摸探时,仍发现冒水孔 23 个,孔径 0.2~0.5 m。

2. 出险原因

该段地层结构系双层堤基,上部为粉质壤土($k < 2.74 \times 10^{-5}$ cm/s),一般厚 2 m;下部为强透水层,厚约 90 m,由粉细砂、砂砾石组成($k = 1 \times 10^{-3} \sim 1 \times 10^{-2}$ cm/s)。

通过天然状态渗流分析,得出设计洪水位时潭边坡砂层出逸比降为 0.124~0.15,大于允许坡降 0.1,因而引起渗透变形与破坏,这是历年来产生险情的主要原因。

3. 工程抢险

通过技术经济比较,选用了排渗沟和局部填塘方案。靠背河堤脚设 50 m 一级平台和 40 m 二级平台,在距堤脚 90 m 处设置底宽 1 m 左右、坐落于砂层或深入砂层 0.5 m 的排渗沟,距排渗沟中心 45 m 内以透水料填塘。通过渗控计算,当沟内水位控制在 31.0~31.5 m 时,潭边砂坡水平出逸坡降小于 0.1,满足要求(见图 4-25 和图 4-26)。

经过 1996 年、1998 年高水位长时间浸泡考验,潭内没有再发现冒泡现象,证明处理方法是有效的。

**(二)黄河东平湖围堤反滤**

1. 险情概况

黄河东平湖水库位于山东省境内,1960 年 7 月 26 日开启进湖闸开始蓄洪,至 9 月 17 日最高蓄水位达 43.5 m,相应蓄水量 24.5 亿 m³,当湖水位上升到 41.5 m 时,西堤段即出现渗水。

2. 出险原因

渗水的原因主要是:断面不足;堤身土质不均,间杂有黏性土,渗流不畅,抬高浸润线;堤基有透水性很强的古河道砂层,以致堤基渗水压力大,在堤基薄弱点逸出。随着湖水位不断上涨,险情越来越严重。蓄水位达到 43.5 m 时,渗水严重堤段达 48 km,约占堤线长的 50%。有的堤段发生滑坡、裂缝、流土破坏;有的已出现管涌、漏洞等险情。

3. 工程抢险

经对地质条件论证,选择了以下抢护措施:

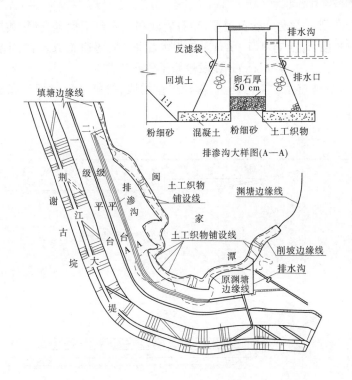

图 4-25 荆江大堤闵家潭平面图

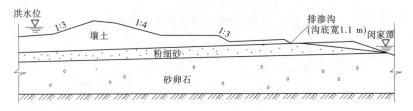

图 4-26 荆江大堤闵家潭堤基处理横剖面图

（1）导渗。对堤身渗水比较严重的堤段，在渗水堤坡的后戗和坡脚处开沟填砂，上面加土盖压，让渗水集中从导渗沟排出，如东段二郎庙、前泊、武家漫、杜窑窝、张坝口等 5 段共挖沟长 755 m，共用砂石料 1 660 m³，土 9 210 m³。

（2）压渗。对堤脚附近低洼、坑塘边沿发生严重渗水有流土破坏的险象，采用在堤脚附近增加盖重的方法，延长渗径，减小渗流坡降，保护基

土不受冲刷。盖土分砂石盖重、砂石后戗和压渗台工程等类型,共抢修沙土后戗 8 段,计土方 4.1 万 m³;在背水洼地、坑塘边抢修压渗固基台长 676 m,用土 1.4 万 m³;部分堤段抢修了砂石盖重。

（3）反滤排水。对渗压大、渗流严重堤段,抢修了反滤坝趾和贴坡反滤（见图 4-27）。

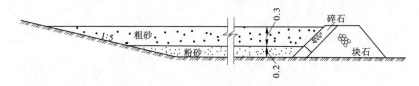

(a)北大桥险段抢修的反滤盖重

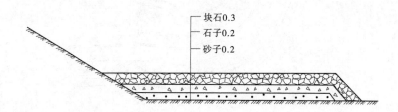

(b)南大桥险段抢修的反滤透水盖重

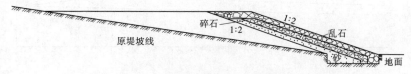

(c)索桃园杨城坝险段抢修的贴坡反滤

图 4-27　东平湖围堤透水盖重和贴坡反滤结构　（单位:m）

# 第三节　管涌（翻沙鼓水、泡泉）抢险

堤防工程挡水后,由于临水面与背水面的水位差较大而发生渗流,若

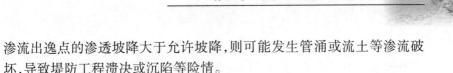

渗流出逸点的渗透坡降大于允许坡降,则可能发生管涌或流土等渗流破坏,导致堤防工程溃决或沉陷等险情。

## 一、险情说明

当汛期高水位时,在堤防工程下游坡脚附近或坡脚以外(包括潭坑、池塘或稻田中),可能发生翻沙鼓水现象。从工程地质特征和水力条件来看,有两种情况:一种是在一定的水力梯度的渗流作用下,土体(多半是砂砾土)中的细颗粒被渗流冲刷带至土体孔隙中发生移动,并被水流带出,流失的土粒逐渐增多,渗流流速增加,使较粗粒径颗粒亦逐渐流失,不断发展,形成贯穿的通道,称为管涌(又称泡泉等)(见图4-28);另一种是黏性土或非黏性土、颗粒均匀的沙土,在一定的水力梯度的上升渗流作用下,所产生的渗透动水压力超过覆盖的有效压力时,则渗流通道出口局部土体表面被顶破、隆起或击穿发生"沙沸",土粒随渗水流失,局部成洞穴、坑洼,这种现象称为流土。在堤防工程险情中,把这种地基渗流破坏的管涌和流土现象统称为翻沙鼓水。

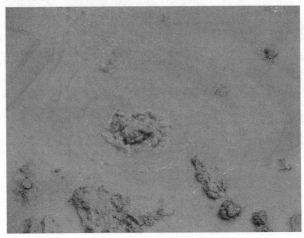

**图4-28　管涌冒水**

翻沙鼓水一般发生在背水坡脚或较远的坑塘洼地,多呈孔状出水口冒水冒沙。出水口孔径小的如蚁穴,大的可达几十厘米。少则出现一两个,多则出现冒孔群或称泡泉群,冒沙处形成沙环,又称土沸或沙沸。有

时也表现为地面土皮、土块隆起(牛皮包)、膨胀、浮动和断裂等现象。如翻沙鼓水发生在坑塘,水面将出现翻沙鼓泡,水中带沙色浑。随着大河水位上升,高水位持续增长,挟带沙粒逐渐增多,沙粒不再沿出口停积成环,而是随渗水不断流失,相应孔口扩大。如不抢护,任其发展,就将把堤防工程地基下土层淘空,导致堤防工程骤然坍陷、蛰陷、裂缝、脱坡等险情,往往造成堤防工程溃决。因此,如有管涌发生,不论距大堤远近,不论是流土还是潜流,均应引起足够重视,严密监视。对堤防工程附近的管涌应组织力量,备足料物,迅速进行抢护。牛皮包常发生在黏土与草皮固结的地表土层,它是由于渗压水尚未顶破地表而形成的。发现牛皮包亦应抓紧处理,不能忽视。

管涌是常见险情,据荆江大堤新中国成立以来14次较大洪水统计,共发生管涌险情160处,主要发生在1954年和1998年大洪水时。据长江荆江辖区堤防工程新中国成立以来的36年资料统计,共发生管涌险情389处,其中1983年大水发生管涌93处。黄河下游1958年洪水时发生管涌堤段长4 312 m;1976年洪水不大,但发生管涌堤段长2 925 m,险情比较严重。1985年8月20日辽河支流小柳河陈家乡堤段,在背水堤脚3~7 m处发生管涌,23日翻沙管涌增加到20多处,长50多m,因抢护不及,24日发生决口,决口10 m很快扩展到70 m,造成严重灾害。

## 二、原因分析

堤防工程背河出现管涌的原因,一般是堤基下有强透水砂层,或地表虽有黏性土覆盖,但由于天然或人为的因素,土层被破坏。在汛期高水位时,渗透坡降变陡,渗流的流速和压力加大。当渗透坡降大于堤基表层弱透水层的允许渗透坡降时,即发生渗透破坏,形成管涌。或者在背水坡脚以外地面,因取土、建闸、开渠、钻探、基坑开挖、挖水井、挖鱼塘等及历史溃口留下冲潭等,破坏表层覆盖,在较大的水力坡降作用下冲破土层,将下面地层中的粉细砂颗粒带出而发生管涌(见图4-29)。

例如,黄河东平湖分滞洪区的围坝位于第四系全新统的河流冲积层上,埋藏有渗透性大的细砂、中砂、粗砂层。砂层厚0.5~6.0 m。东坝段有小唐河、安流渠、赵王河、龙公河及小清河等古河道纵横穿越围坝地基,且在修围堤时黏性土层被挖穿。在1960年蓄水时就发生渗水、管涌、冒

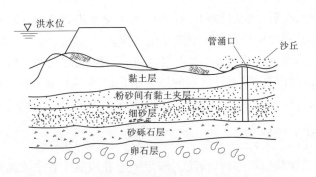

**图 4-29　翻沙鼓水险情示意图**

水、翻沙、流土、表层开裂等严重险情,其中发生较大管涌、流土12 922处,裂缝 11.088 km,渗水 48.6 km,漏洞 9 个。在围坝附近 1 km 的地表积水,并向周围扩展 3 ~ 5 km,造成梁山县城周围严重沼泽化,对围坝、湖周危害十分严重。

### 三、险情判别

管涌险情的严重程度一般可以从以下几个方面加以判别,即管涌口离堤脚的距离、涌水浑浊度及带沙情况、管涌口直径、涌水量、洞口扩展情况、涌水水头等。由于抢险的特殊性,目前都是凭查险人员的经验来判断。具体操作时,管涌险情的危害程度可从以下几方面分析判别:

(1)管涌一般发生在背水堤脚附近地面或较远的坑塘洼地。距堤脚越近,其危害性就越大。一般以距堤脚 15 倍水位差范围内的管涌最危险,在此范围以外的次之。

(2)有的管涌点距堤脚虽远一点,但是管涌不断发展,即管涌口径不断扩大,管涌流量不断增大,带出的沙越来越粗,数量不断增大,这也属于严重险情,需要及时抢护。

(3)有的管涌发生在农田或洼地中,多是管涌群,管涌口内有沙粒跳动,似“煮稀饭”,涌出的水多为清水,险情稳定,可加强观测,暂不处理。

(4)管涌发生在坑塘中,水面会出现翻花鼓泡,水中带沙、色浑,有的由于水较深,水面只看到冒泡,可潜水探摸,是否有凉水涌出或在洞口是否形成沙环。

需要特别指出的是,由于管涌险情多数发生在坑塘中,管涌初期难以

发现。因此,在荆江大堤加固设计中曾采用填平堤背水侧200 m范围内水塘的办法,有效地控制了管涌险情的发生。

(5)堤背水侧地面隆起(牛皮包、软包)、膨胀、浮动和断裂等现象也是产生管涌的前兆,只是目前水的压力不足以顶穿上覆土层。随着江河水位的上涨,有可能顶穿,因而对这种险情要高度重视并及时进行处理。

## 四、抢护原则

堤防工程发生管涌,其渗流入渗点一般在堤防工程临水面深水下的强透水层露头处,汛期水深流急,很难在临水面进行处理。所以,险情抢护一般在背水面,其抢护应以"反滤导渗,控制涌水带沙,留有渗水出路,防止渗透破坏"为原则。对于小的仅冒清水的管涌,可以加强观察,暂不处理;对于流出浑水的管涌,不论大小,均必须迅速抢护,决不可麻痹疏忽,贻误时机,造成溃口灾害。"牛皮包"在穿破表层后,应按管涌处理。有压渗水会在薄弱之处重新发生管涌、渗水、散浸,对堤防工程安全极为不利,因此防汛抢险人员应特别注意。

## 五、抢护方法

### (一)反滤围井

在管涌出口处,抢筑反滤围井,制止涌水带沙,防止险情扩大。此法一般适用于背河地面或洼地坑塘出现数目不多和面积较小的管涌,以及数目虽多,但未连成大面积,可以分片处理的管涌群。对位于水下的管涌,当水深较浅时,也可采用此法。根据所用材料不同,具体做法有以下几种。

#### 1. 砂石反滤围井

在抢筑时,先将拟建围井范围内杂物清除干净,并挖去软泥约20 cm,周围用土袋排垒成围井。围井高度以能使水不挟带泥沙从井口顺利冒出为度,并应设排水管,以防溢流冲塌井壁。围井内径一般为管涌口直径的10倍左右,多管涌时四周也应留出空地,以5倍直径为宜。井壁与堤坡或地面接触处,必须做到严密不漏水。井内如涌水过大,填筑反滤料有困难,可先用块石或砖块袋装填塞,待水势消杀后,在井内再做反滤导渗,即按反滤的要求,分层抢铺粗料、小石子和大石子,每层厚度

20~30 cm,如发现填料下沉,可继续补充滤料,直到稳定为止。如一次铺设未能达到制止涌水带沙的效果,可以拆除上层填料,再按上述层次适当加厚填筑,直到渗水变清为止(见图 4-30)。

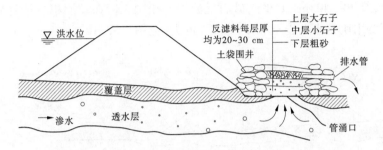

**图 4-30　砂石反滤围井示意图**

对小的管涌或管涌群,也可用无底粮囤、筐篓,或无底水桶、汽油桶、大缸等套住出水口,在其中铺填砂石滤料,亦能起到反滤围井的作用。在易于发生管涌的堤段,有条件的可预先备好不同直径的反滤水桶(见图 4-31)。在桶底桶周凿好排水孔,也可用无底桶,但底部要用铅丝编织成网格,同时备好反滤料,当发生管涌时,立即套好并按规定分层装填滤料。这样抢堵速度快,也能获得较好效果(反滤水桶只能作为参考,实战中无实例)。

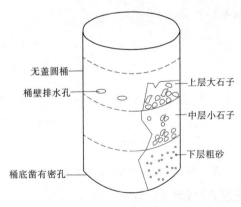

**图 4-31　反滤水桶示意图**

### 2. 梢料反滤围井

在缺少砂石的地方,抢护管涌可采用梢料代替砂石,修筑梢料反滤围井。细料可采用麦秸、稻草等,厚20~30 cm;粗料可采用柳枝、秫秸和芦苇等,厚30~40 cm;其他与砂石反滤围井相同。但在反滤梢料填好后,顶部要用块石或土袋压牢,以免漂浮冲失(见图4-32)。

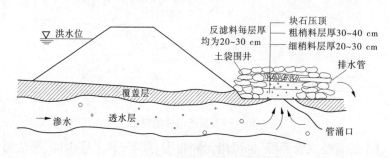

**图4-32 梢料反滤围井示意图**

### 3. 土工织物反滤围井

土工织物反滤围井的抢护方法与砂石反滤围井基本相同,但在清理地面时,应把一切带有尖、棱的石块和杂物清除干净,并加以平整,先铺符合反滤要求的土工织物。铺设时块与块之间要互相搭接好,四周用人工踩住土工织物,使其嵌入土内,然后在其上面填筑40~50 cm厚的一般砖、石透水料(见图4-33)。

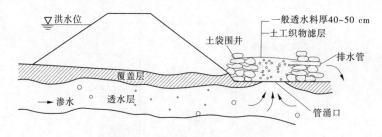

**图4-33 土工织物反滤围井示意图**

### (二)无滤减压围井(或称养水盆)

根据逐步抬高围井内水位减小临背河水头差的原理,在大堤背水坡脚附近险情处抢筑围井,抬高井内水位,减小水头差,降低渗透压力,减小

渗透坡降,制止渗透破坏,以稳定管涌险情。此法适用于当地缺乏反滤材料,临背水位差较小,高水位历时短,出现管涌险情范围小,管涌周围地表较坚实完整且未遭破坏,渗透系数较小的情况。具体做法有以下几种。

1.无滤层围井

在管涌周围用土袋排垒无滤层围井,随着井内水位升高,逐渐加高加固,直至制止涌水带沙,使险情趋于稳定,并应设置排水管排水(见图4-34)。

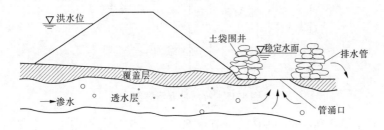

**图4-34　无滤层围井示意图**

2.无滤水桶

对个别或面积较小的管涌,可采用无底铁桶、木桶或无底的大缸,紧套在出水口的上面。四周用袋围筑加固,做成无底滤水桶,紧套在出水口,四周用土袋围筑加固,靠桶内水位升高,逐渐减小渗水压差,制止涌水带沙,使险情得到缓解。

3.背水月堤(又称背水围堰)

当背水堤脚附近出现分布范围较大的管涌群险情时,可在堤背出险范围外抢筑月堤,截蓄涌水,抬高水位。月堤可随水位升高而加高,直到险情稳定。然后安设排水管将余水排出。背水月堤必须保证质量标准,同时要慎重考虑月堤填筑工作与完工时间是否能适应管涌险情的发展和保证安全(见图4-35)。

4.装配式橡塑养水盆

装配式橡塑养水盆适用于直径0.05~0.1 m的漏洞、管涌险情,根据逐步壅高围井内水位减少水头差的原理,利用自身的静水压力抵抗河水的渗漏,使涌泉渗流稳定。

装配式橡塑养水盆采用有机聚酯玻璃钢材料制成,为直径1.5 m、高

79

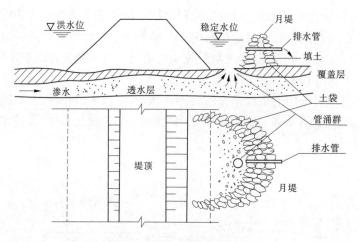

图 4-35 背水月堤示意图

1.0 m、壁厚 0.005 m 的圆桶,每节重 68 kg,节与节之间用法兰盘螺丝加固连接而成。底节分别做成 1:2、1:3 坡度的圆桶。它具有较高的抗拉强度和抗压强度,能满足 6 m 水头压力不发生变形的要求。

使用装配式橡塑养水盆具体方法是:先以背河出逸点为中心,以 0.75 m 为半径,挖去表层土深 20 cm,整平,底部分别做成 1:2、1:3 坡度的圆桶,迅速用粉质黏土沿桶内壁填筑 40 cm,防止底部漏水。紧接着,用编织袋装土,根据水头差围筑外坡为 1:1 的土台,从而增强养水盆的稳定性。采用装配式橡塑养水盆的突出特点是速度快,坚固方便,可抢在险情发展的前面,使漏水稳定,达到防止险情扩大的目的(见图 4-36)。如在底节铺设一层反滤布,则成为反滤围井。

**(三)反滤压(铺)盖**

在大堤背水坡脚附近险情处,抢修反滤压盖,可降低涌水流速,制止堤基泥沙流失,以稳定险情。此种方法,一般适用于管涌较多,面积较大,涌水带沙成片的堤段。对于表层为黏性土、洞口不易迅速扩大的情况,可不用围井。

根据所用反滤材料不同,具体抢护方法有以下几种。

*1. 砂石反滤压(铺)盖*

砂石反滤压(铺)盖需要铺设反滤料面积较大,使用砂石料相对较

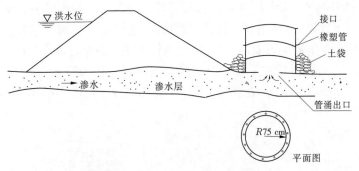

**图 4-36　装配式橡塑养水盆示意图**

多,在料源充足前提下,应优先选用。在抢筑前,先清理铺设范围内的软泥和杂物,对其中涌水带沙较严重的管涌出口,用块石或砖块抛填,以消杀水势。同时在已清理好的大片有管涌冒孔群的面积上,普遍盖压一层粗砂,厚约 20 cm,其上再铺小石子和大石子各一层,厚度均约 20 cm,最后压盖块石一层,予以保护(见图 4-37)。例如 1983 年 7 月 2 日在湖北省浠水永保支堤先后发现 5 处严重的管涌冒沙,一处距堤脚 350 m,口径达 80 cm,涌水水流色黄流急,出水流量约 0.1 m³/s,冒沙 5 m³;另一处距堤脚 400 m,口径 40 cm,涌水高 0.5 m。开始抛小卵石也稳不住,后采用反滤导渗的原理,分层抢铺砂石反滤料,才使险情逐渐得到缓解。

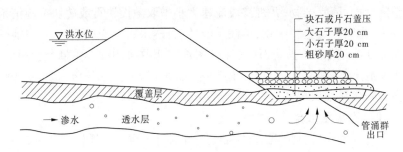

**图 4-37　砂石反滤压(铺)盖示意图**

2. 梢料反滤压(铺)盖

梢料反滤压(铺)盖的清基要求、消杀水势措施和表层盖压保护均与砂石反滤压盖相同。在铺设时,先铺细梢料,如麦秸、稻草等厚 10～15

cm,再铺粗梢料,如芦苇、秫秸和柳枝等厚15～20 cm,粗细梢料共厚约30 cm,然后上铺席片、草垫等。这样层梢层席,视情况可只铺一层或连续数层,然后上面压盖块石或沙土袋,以免梢料漂浮。必要时再盖压透水性大的沙土,修成梢料透水平台。但梢层末端应露出平台脚外,以利渗水排出,总的厚度以能制止涌水挟带泥沙、浑水变清水、稳定险情为度(见图4-38)。

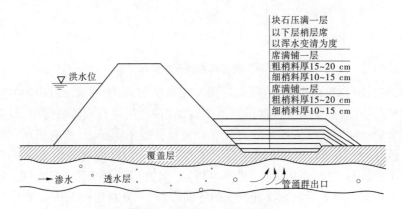

图4-38　梢料反滤压盖示意图

3. 土工织物反滤压(铺)盖

抢筑土工织物反滤压(铺)盖的要求与砂石反滤压盖基本相同。在平整好地面、清除杂物,并视渗流流速大小采取抛投块石或砖块措施消杀水势后,先铺一层土工织物,再铺一般砖、石透水料厚40～50 cm,或铺砂厚5～10 cm,最后压盖块石一层(见图4-39和图4-40)。在单个管涌口,可用反滤土工织物袋(或草袋)装粒料(如卵石等)排水导渗。如对1989年齐齐哈尔嫩江大堤两处管涌,均采用此法控制了险情。

**(四)透水压渗台**

在河堤背水坡脚抢筑透水压渗台,可以平衡渗压,延长渗径,减小水力坡降,并能导渗滤水,防止土粒流失,使险情趋于稳定。此法适用于管涌险情较多、范围较大、反滤料缺乏,但沙土料丰富的堤段。具体做法是:先将抢筑范围内的软泥、杂物清除,对较严重的管涌或流土的出水口用砖、砂石填塞,待水势消杀后,用透水性大的沙土修筑平台,即为透水压渗台,其长、宽、高等尺寸视具体情况而定。透水压渗台的宽、高,应根据地

图 4-39　铺设土工布

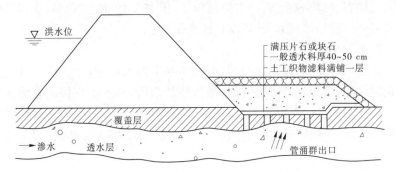

图 4-40　土工织物反滤压(铺)盖示意图

基土质条件,分析弱透水层底部垂直向上渗压分布和修筑压渗台的土料物理力学性质,分析其在自然容重或浮容重情况下,平衡自下向上的承压水头的渗压所必须的厚度,以及因修筑压渗台导致渗径的延长,渗压的增大,最后所需要的台宽与高来确定,以能制止涌沙,使浑水变清为原则(见图 4-41)。1985 年辽宁台安县傅家镇辽河大堤发生管涌,先在其上铺草袋,上压树枝 0.3 m,再修筑透水压渗台,取得了良好的效果。

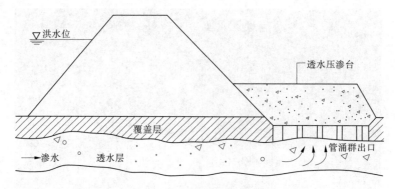

**图 4-41　透水压渗台示意图**

### (五) 水下管涌抢护

在潭坑、池塘、水沟、洼地等水下出现管涌时,可结合具体情况,采用以下方法。

**1. 填塘**

在人力、时间和取土条件允许时,可采用此法。填塘前应对较严重的管涌先抛石、砖块等填塞,待水势消减后,集中人力和抢护机械,采用沙性土或粗砂将坑塘填筑起来,以制止涌水带沙。

**2. 水下反滤层**

如坑塘过大,填塘贻误时间,可采用水下抛填反滤层的抢护方法:在抢筑时,应先填塞较严重的管涌,待水势消杀后,从水上直接向管涌区内分层按要求倾倒砂石反滤料,使管涌处形成反滤堆,不使土粒外流,以控制险情发展。这种方法用砂石较多,亦可用土袋做成水下围井,以节省砂石反滤料。

**3. 抬高坑塘、沟渠水位**

抬高坑塘、沟渠水位的抢护、作用原理与减压围井(即养水盆)相似。为了争取时间,常利用涵闸、管道或临时安装抽水机引水入坑,抬高坑塘、沟渠水位,减少临背水头差,制止管涌冒沙现象。

### (六) "牛皮包"的处理

草根或其他胶结体把黏性土层凝结在一起组成地表土层,其下为透水层时,渗透水压未能顶破表土而形成的鼓包现象称为"牛皮包"险情,这实际上是流土现象,严重时可造成漏洞。抢护方法是:在隆起部位,铺

青草、麦秸或稻草一层，厚 10～20 cm，其上再铺柳枝、秫秸或芦苇一层，厚 20～30 cm。厚度超过 30 cm 时，可横竖分两层铺放，铺成后用锥戳破鼓包表层，使内部的水和空气排出，然后压土袋或块石进行处理。

## 六、注意事项

（1）在堤防工程背水坡附近抢护管涌险情时，切忌使用不透水的材料强填硬塞，以免截断排水通路，造成渗透坡降加大，使险情恶化。各种抢护方法处理后排出的清水，应引至排水沟。

（2）堤防工程背水坡抢筑的压渗台，不能使用黏性土料，以免造成渗水无法排出。违反"背水导渗"的原则，必然会加剧险情。

（3）对无滤层减压围井的采用，必须具备减压围井中所提条件，同时由于井内水位高，压力大，井壁围堰要有足够的高度和强度，以免井壁被压垮，并应严密监视围堰周围地面是否有新的管涌出现。同时，还应注意不应在险区附近挖坑取土，否则会因井大抢筑不及，或围堰倒塌，造成决堤的危险。

（4）对严重的管涌险情抢护，应以反滤围井为主，并优先选用砂石反滤围井和土工织物反滤围井，辅以其他措施。反滤盖层只能适用于渗水量较小、渗透流速较小的管涌，或普遍渗水的地区。

（5）应用土工合成材料抢护各种险情时，要正确掌握施工方法：①土工织物铺设前应将铺设范围内地表尽力进行清理、平整，除去尖锐硬物，以防碎石棱角刺破土工织物；②若土工织物铺设在粉粒、黏粒含量比较高的土壤上，最好先铺一层 5～10 cm 的砂层，使土工织物与堤坡较好地接触，共同形成滤层，防止在土工织物（布）的表层形成泥布；③尽可能将几幅土工织物缝制在一起，以减少搭接，土工织物铺设在地表不要拉得过紧，要有一定宽松度；④土工织物铺设时，不得在其上随意走动或将块石、杂物重掷其上，以防人为损坏；⑤当管涌处水压力比较大时，土工织物覆盖其上后，往往被水柱顶起来，原因是重压不足，应当继续加石子，也可以用编织袋或草袋装石子压重，直到压住为止；⑥要准备一定数量的缝制、铺设器具。

（6）用梢料或柴排上压土袋处理管涌时，必须留有排水出口，不能在中途把土袋搬走，以免渗水大量涌出而加重险情。

(7)修筑反滤导渗的材料,如细砂、粗砂、碎石的颗粒级配要合理,既要保证渗流畅通排出,又不让下层细颗粒土料被带走,同时不能被堵塞。导滤的层次及厚度要根据反滤层的设计而定,此外,反滤层的分层要严格掌握,不得混杂。

## 七、抢险实例

### (一)黄河山东东阿县牛屯堤段的抢护

1. 险情概况

1954年8月8日涨水时,位山水位43.30 m,堤顶出水3.19 m,东阿县牛屯堤段堤脚30 m处沟内出现管涌4处,直径0.3~0.6 m,涌水带沙,呈黑色或黄色。

2. 出险原因

此段堤防工程堤顶宽11 m,并修有后戗,戗顶宽5 m,边坡1:5,高3.3 m,临背差3.2 m。背河距堤脚10~15 m以外有一水沟,宽30 m,深1.5 m,与堤线平行,距堤脚附近的一段长200 m。地面土质为沙质,局部含有少量黏性土。由于堤基土质多沙、临背悬差大,加之水头与渗径(当时洪水位)的比值仅1:7,不满足1:8的要求等原因引起。

3. 工程抢险

由于当时缺少抢护管涌险情的经验,采用了草捆草袋土堵塞的方法,堵塞后又在四周发现新的管涌,并且逐渐增多。当即在沟内管涌处用土压盖,越压翻沙鼓水越严重,沟内管涌长度由开始抢护的45 m增加到100 m,在压土的两端又出现管涌10余处,这样先后共出现大小管涌36处。直径一般为0.5 m左右,最大的直径1 m,深3.2 m,呈翻花状,险情严重。经研究,改用在未盖土前先把管涌用麦秸塞严,用麻袋装土压住,然后在上面及四周铺麦糠厚30 cm,上盖席片,阻止浑水涌出,并迅速压土厚1.5~3.0 m,修筑长200 m、宽30 m的戗台,又在两端各加修一段后戗,方保大堤安全。

### (二)湖北监利县荆江大堤杨家湾管涌抢险

1. 险情概况

1998年8月30日12时,在监利县杨家湾桩号638 + 400,距堤脚400 m处发现一孔径0.50 m的管涌险情,出沙2 m³,涌水高出地面0.20 m。

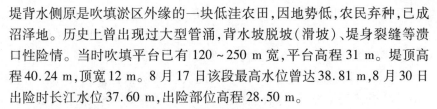

堤背水侧原是吹填淤区外缘的一块低洼农田,因地势低,农民弃种,已成沼泽地。历史上曾出现过大型管涌、背水坡脱坡(滑坡)、堤身裂缝等溃口性险情。当时吹填平台已有 120～250 m 宽,平台高程 31 m。堤顶高程 40.24 m,顶宽 12 m。8 月 17 日该段最高水位曾达 38.81 m,8 月 30 日出险时长江水位 37.60 m,出险部位高程 28.50 m。

2. 出险原因

杨家湾大堤堤基为细砂层,70 年代以前,出险部位在距堤脚 100 m 范围内,经吹填加宽、加高内覆盖层,险情得到稳定。1998 年的水位高,持续时间较长,出现了新的险情。

3. 工程抢险

出险后采取的抢护措施:一是围井三级反滤,二是围堰抽水反压。8 月 30 日 14 时开始做直径 5 m 的围井,高 1.1 m。具体做法是:先用大卵石填平洞口,消杀水势,再填黄沙 0.3 m 厚,在其上填瓜米石(又称豆石,是一种体积很小的碎石子,粒度大小跟绿豆相似)0.25 m 厚,最后填卵石 0.20 m 厚。围井水位蓄至 29.50 m。与此同时,对南沼泽地加做围堰,高程为 29.40 m,蓄水位 29.20 m,以防险情转移。17 时处理结束,并测出涌水量 14 kg/s。20 时发现填料周围冒沙,到 22 时,测得管涌口环形沙带内径为 2 m,外径为 3 m、厚为 0.05 m,出沙量 0.157 m³/h。上述情况表明采用的抢护措施不当,处理效果不好。当即决定清除直径 3 m、厚 0.3 m 范围内的反滤料。重新做三级反滤,具体做法是:第一层填黄沙 0.2 m 厚,第二层填瓜米石 0.2 m 厚,第三层填卵石 0.15 m 厚。3 日零时完成。但第二天晨 6 时,滤料周围又出水带沙,测出沙量为 0.116 m³/h。经初步分析,以上二次处理不理想的原因是:管涌口涌水压力过大,将第一层滤料黄沙冲动带出孔口。决定再次返工,重做三级反滤。8 时 30 分开始处理,首先清除直径 3.5 m、厚 0.4 m 范围内的滤料,然后辅直径 3.0 m 的纱布,以消杀水势,在纱布上做三层反滤,第一层厚 0.20 m,第二层厚 0.20 m,第三层厚 0.1 m,并将围井水位由 29.50 m 升至 29.80 m,围堰水位升至 29.50 m,于 11 时 20 分处理完华。

31 日 16 时观察到出水不带沙,但出浑水。在滤料上有三处下陷,深 0.05～0.10 m,总面积约 1 m²,分析认为,这是填料空隙的自然调整和补填的石料整平所致。

9月1日8时观察,出水已基本变清,但仍有少量的沙和泥,此时出沙主要在一处,也不像以前呈环形带沙。8时30分,对此带沙处(1.5 m²)重做三级反滤。至16时出水比8时明显变清,带沙量减少,险情基本稳定。此时长江水位为37.78 m。此次管涌险情抢护共耗用砂石料140 t,纺织袋25 000条,橡胶(直径0.2 m)虹吸管240 m,抽水机械2台套,投入劳力4 200人(含武警官兵)。

在管涌险情抢护过程中,有以下两个经验教训:①对孔径大、涌水量亦大的管涌,必须解决好涌水压力大的问题。保证第一级黄沙铺垫厚度到位,是保证三级反滤成功与否的关键。②做反滤料的砂石料级配要合理,滤料砂被带出的主要原因是瓜米石的粒径过大,为滤料砂粒径的9～15倍为宜。

# 第四节　滑坡(脱坡)抢险

堤坡(包括堤基)部分土体失稳滑落,同时出现趾部隆起外移的现象,称为滑坡。滑坡(亦称脱坡)有背河滑坡和临河滑坡两种,从性质上又可分为剪切破坏、塑性破坏和液化破坏,其中剪切破坏最为常见。

## 一、险情说明

堤防工程出现滑坡,主要是边坡失稳下滑造成的。开始时,在堤顶或堤坡上发生裂缝或蛰裂,随着险情的发展,即形成滑坡(见图4-42)。根据滑坡的范围,一般可分为堤身与基础一起滑动和堤身局部滑动两种。前者滑动面较深,呈圆弧形,滑动体较大,堤脚附近地面往往被推挤外移、隆起,或沿地基软弱层一起滑动;后者滑动范围较小,滑裂面较浅。虽危害较轻,也应及时恢复堤身完整,以免继续发展。滑坡严重者,可导致堤防工程溃口,须立即抢护。由于初始阶段滑坡与崩塌现象不易区分,应对滑坡的原因和判断条件认真分析,确定滑坡性质,以利采取抢护措施。1954年长江荆江大堤及其他干堤共发生脱坡361处,长达13.8 km。1958年洪水黄河下游发生脱坡长达238.79 km。

图 4-42 滑坡险情

## 二、原因分析

（1）高水位持续时间长，在渗透水压力的作用下，浸润线升高，土体抗剪强度降低，在渗水压力和土重增大的情况下，可能导致背水坡失稳，特别是边坡过陡时，更易引起滑坡。

（2）堤基处理不彻底，有松软夹层、淤泥层和液化土层，坡脚附近有渊潭和水塘等有时虽已填塘，但施工时未处理，或处理不彻底，或处理质量不符合要求，抗剪强度低。

（3）在堤防工程施工中，由于铺土太厚，碾压不实，或含水量不符合要求，干容重没有达到设计标准等，致使填筑土体的抗剪强度不能满足稳定要求。冬季施工时，土料中含有冻土块，形成冻土层，解冻后水浸入软弱夹层。

（4）堤身加高培厚时，新旧土体之间结合不好，在渗水饱和后，形成软弱层。

（5）高水位时，临水坡土体处于大部分饱和、抗剪强度低的状态下。当水位骤降时，临水坡失去外水压力支持，加之堤身的反向渗压力和土体自重大的作用，可能引起失稳滑动。

（6）堤身背水坡排水设施堵塞，浸润线抬高，土体抗剪强度降低。

（7）堤防工程本身稳定安全系数不足，加上持续大暴雨或地震、堤顶堤坡上堆放重物等外力的作用，易引起土体失稳而造成滑坡。

（8）水中填土坝或水坠坝填筑进度过快，或排水设施不良，形成集中软弱层。

### 三、险情判别

滑坡对堤防工程安全威胁很大,除经常进行检查外,当存在以下情况时,更应严加监视:一是高水位时期;二是水位骤降时期;三是持续特大暴雨时;四是春季解冻时期;五是发生较强地震后。发现堤防工程滑坡征兆后,应根据经常性的检查资料并结合观测资料,及时进行分析判断,一般应从以下几方面着手:

(1)从裂缝的形状判断。滑动性裂缝主要特征是,主裂缝两端有向边坡下部逐渐弯曲的趋势,两侧往往分布有与其平行的众多小缝或主缝上下错动。

(2)从裂缝的发展规律判断。滑动性裂缝初期发展缓慢,后期逐渐加快,而非滑动性裂缝的发展则随时间逐渐减慢。

(3)从位移观测的规律判断。堤身在短时间内出现持续而显著的位移,特别是伴随着裂缝出现连续性的位移,而位移量又逐渐加大,边坡下部的水平位移量大于边坡上部的水平位移量;边坡上部垂直位移向下,边坡下部垂直位移向上。

### 四、抢护原则

造成滑坡的原因是滑动力超过了抗滑力,所以滑坡抢护的原则应该是设法减小滑动力和增加抗滑力。它的抢护原则和做法可以归纳为"清除上部附加荷载,视情况削坡,下部固脚压重"。对因渗流作用引起的滑动,必须采取"临截背导",即临水帮戗,以减少堤身渗流的措施。上部减载是在滑坡体上部削缓边坡,下部压重是抛石(或沙袋)固脚。如堤身单薄、质量差,为补救削坡后造成的堤身削弱,应采取加筑后戗的措施予以加固。如基础不好,或靠近背水坡脚有水塘,在采取固基或填塘措施后,再行还坡。必须指出,在抢护滑坡险情时,如果江河水位很高,则抢护临河坡的滑坡要比背水坡困难得多。为避免贻误时机、造成灾害,应临、背坡同时进行抢护。

## 五、抢护方法

### （一）滤水土撑法

滤水土撑法又称滤水戗垛法。在背水坡发生滑坡时，可在滑坡范围内全面抢筑导渗沟，导出滑坡体渗水，以减小渗水压力，降低浸润线，消除产生进一步滑坡的条件，至于因滑坡造成堤身断面的削弱，可采取间隔抢筑透水土撑的方法加固，防止背水坡继续滑脱。此法适用于背水堤坡排渗不畅、滑坡严重、范围较大、取土又较困难的堤段。具体做法是：先将滑坡体的松土清理掉，然后在滑坡体上顺坡挖沟至拟做土撑部位，沟内按反滤要求铺设土工织物滤层或分层铺填砂石、梢料等反滤材料，并在其上做好覆盖保护。顺滤沟向下游挖明沟，以利渗水排出。抢护方法同渗水抢险采用的导渗法。土撑可在导渗沟完成后抓紧抢修，其尺寸应视险情和水情确定。一般每条土撑顺堤方向长 10 m 左右，顶宽 5～8 m，边坡 1:3～1:5，间距 8～10 m，撑顶应高出浸润线出逸点 0.5～2.0 m。土撑采用透水性较大的土料，分层填筑夯实。如堤基不好，或背水坡脚靠近坑塘，或有溃水、软泥等，需先用块石、沙袋固基，用沙性土填塘，其高度应高出溃水面 0.5～1.0 m。也可采用撑沟分段结合的方法，即在土撑之间，在滑坡堤上顺坡做反滤沟，覆盖保护，在不破坏滤沟的前提下，撑沟可同时施工（见图 4-43）。

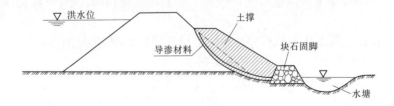

图 4-43　滤水土撑示意图

### （二）滤水后戗法

当背水坡滑坡严重，且堤身单薄，边坡过陡，又有滤水材料和取土较易时，可在其范围内全面抢护导渗后戗。此法既能导出渗水，降低浸润线，又能加大堤身断面，可使险情趋于稳定。具体做法与上述滤水土撑法相同，它们的区别在于滤水土撑法的土撑是间隔抢筑，而滤水后戗法则是全面连续抢筑,其长度应超过滑坡堤段两端各 5～10 m。当滑坡面土层过于稀软不易做滤沟时,常可用土工织物、砂石或梢料做反滤材料代替,具体做法详见抢护渗水的反滤层法。

### (三)滤水还坡法

凡采用反滤结构恢复堤防工程断面、抢护滑坡的措施,均称为滤水还坡。此法适用于背水坡,主要是由于土料渗透系数偏小引起堤身浸润线升高,排水不畅,而形成的严重滑坡堤段。具体抢护方法如下。

#### 1.导渗沟滤水还坡法

先在背水坡滑坡范围内做好导渗沟,其做法与上述滤水土撑导渗沟的做法相同。在导渗沟完成后,将滑坡顶部陡立的土堤削成斜坡,并将导渗沟覆盖保护后,用沙性土层土层夯,做好还坡(见图 4-44)。

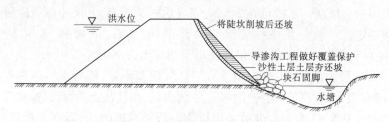

**图 4-44 导渗沟滤水还坡示意图**

#### 2.反滤层滤水还坡法

反滤层滤水还坡法与导渗沟滤水还坡法基本相同,仅将导渗沟改为反滤层。

反滤层的做法与抢护渗水险情的反滤层做法相同(见图 4-45)。

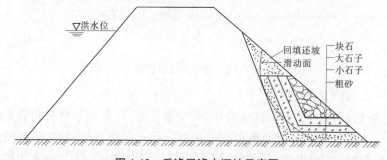

**图 4-45 反滤层滤水还坡示意图**

92

**3. 透水体滤水还坡法**

当堤背滑坡发生在堤腰以上，或堤肩下部发生蛰裂下挫时，应采用此法。它的做法与上述导渗沟和反滤层做法基本相同。如基础不好，亦应先加固地基，然后对滑坡体的松土、软泥、草皮及杂物等进行清除，并将滑坡上部陡坎削成缓坡，然后按原坡度回填透水料。根据透水体材料不同，可分为以下两种方法：

(1) 沙土还坡。作用和做法与抢护渗水险情采用的沙土后戗相同。如采用粗砂、中砂还坡，可恢复原断面。如用细砂或粉砂还坡，边坡可适当放缓。回填土时亦应层层压实(见图 4-46)。

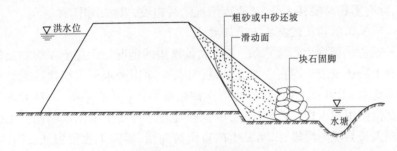

图 4-46　沙土还坡示意图

(2) 梢土还坡。作用和具体做法与抢护渗水险情采用的梢土后戗及柴土帮戗基本相同，区别在于抢筑的断面是斜三角形，各坯梢土层是下宽上窄不相等(见图 4-47)。

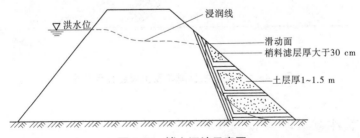

图 4-47　梢土还坡示意图

**4. 前戗截渗**

前戗截渗法(又称临水帮戗法)主要是在临河用黏性土修前戗截渗。

当背水坡滑坡严重、范围较大,在背水坡抢筑滤水土撑、滤水后戗及滤水还坡等工程需要较长时间,一时难以奏效,而临水坡又有条件抢筑截渗土戗时,可采用此法。也可与抢护背水堤坡同时进行,其具体做法与抢护渗水险情采用的抛投黏性土方法相同。

5.护脚阻滑法

护脚阻滑法在于增加抗滑力,减小滑动力,制止滑坡发展,以稳定险情。具体做法是:查清滑坡范围,将块石、土袋(或土工编织土袋)、铅丝石笼等重物抛投在滑坡体下部堤脚附近,使其能起到阻止继续下滑和固基的双重作用。护脚加重数量可由堤坡稳定计算确定。滑动面上部和堤顶,除有重物时要移走外,还要视情况削缓边坡,以减小滑动力。

6.土工织物反滤布及土袋还坡法

在背水坡发生严重滑坡,又遇大风暴雨的情况下采用土工织物反滤布及土袋还坡法。即在滑坡堤段范围内,全面用透水土工织物或无纺布铺盖滤水,以阻止土粒流失,此法亦称贴坡排水(见图4-48)。对大堤滑坡部位使用编织袋土叠砌还坡,以保持堤防工程抗洪的基本断面。如高邮湖天长县境内堤段,汛期发生严重滑坡险情,堤防工程很快就要溃决,迅速调来土工编织袋加固大堤,应用土工编织袋土还坡衬砌,控制住险情,转危为安。

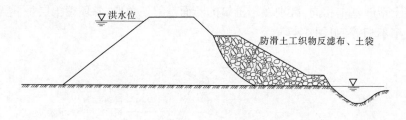

图4-48　土工织物反滤布及土袋还坡示意图

## 六、注意事项

在滑坡抢护中,应注意以下事项:

(1)滑坡是堤防工程严重险情之一,一般发展较快,一旦出险,就要立即采取措施,在抢护时要抓紧时机,事前把料物准备好,一气呵成。在

滑坡险情出现或抢护时,还可能伴随浑水漏洞、严重渗水以及再次滑坡等险情,在这种复杂紧急情况下,不要只采取单一措施,应研究选定多种适合险情的抢护方法,如抛石固脚、填塘固基、开沟导渗、透水土撑、滤水还坡、围井反滤等,在临、背水坡同时进行或采用多种方法抢护,以确保堤防工程安全。

(2)在渗水严重的滑坡体上,要尽量避免大量抢护人员践踏,造成险情扩大。如坡脚泥泞,人上不去,可铺些芦苇、秸料、草袋等,先上少数人工作。

(3)抛石固脚阻滑是抢护临水坡行之有效的方法,但一定要探清水下滑坡的位置,然后在滑坡体外缘进行抛石固脚,才能制止滑坡土体继续滑动。严禁在滑动土体的中上部抛石,这不但不能起到阻滑作用,反而加大了滑动力,会进一步促使土体滑动。

(4)在滑坡抢护中,也不能采用打桩的方法。因为桩的阻滑作用小,不能抵挡滑坡体的推动,而且打桩会使土体震动,抗剪强度进一步降低,特别是脱坡土体饱和或堤坡陡时,打桩不但不能阻挡滑脱土体,还会促使滑坡险情进一步恶化。只有当大堤有较坚实的基础、土压力不太大、桩能站稳时,才可打桩阻滑,桩要有足够的直径和长度。

(5)开挖导渗沟,应尽可能挖至滑裂面。如情况严重,时间紧迫,不能全部挖至滑裂面时,可将沟的上下两端挖至滑裂面,尽可能下端多挖,也能起到部分作用。导渗材料的顶部必须做好覆盖防护,防止滤层被堵塞,以利排水畅通。

(6)导渗沟开挖填料工作应从上到下分段进行,切勿全面同时开挖,并保护好开挖边坡,以免引起坍塌。在开挖中,对于松土和稀泥土都应予以清除。

(7)对由于水流冲刷引起的临水堤坡滑坡,其抢护方法,可参照第八节"坍塌抢险"一节介绍方法进行。在滑坡抢险过程中,一定要做到在确保人身安全的情况下进行工作。

(8)背水滑坡部分,土壤湿软,承载力不足,在填土还坡时,必须注意观察,上土不宜过急、过量,以免超载影响土坡稳定。

## 七、抢险实例

### (一)黄河山东齐河县南坦堤防工程滑坡险情的抢护

#### 1. 险情概况

齐河县南坦堤段是黄河上常年靠溜的险工堤段,背河常年积水,经过1949年洪水发现堤身御水能力很差,背河渗水严重,于1950年春加修宽5 m、高3.5 m、边坡1:5的后戗,经分析仍然认为堤身单薄,又于1952年继续将后戗帮宽4~5 m。到1954年汛前,南坦堤段堤防工程已达到顶宽9 m,临河堤高3.2 m,背河堤高7.4 m,临河边坡1:2.5,背河边坡1:3。

1954年8月6日,黄河水位开始上涨,至11日20时,南坦堤段水位已较背河地面高出6 m,经过5昼夜的浸泡,堤身下部土体达到饱和状态,背河约2.5 km堤段普遍渗水,尤其是在114+200~114+350堤段内,背河由渗水发展到滑坡。发展过程是:先在戗脚形成泥糊状,土料逐渐随渗水、渗泉向外流失,继而由坡脚向上发展。因堤坡失去支撑,开始出现裂缝,然后蛰陷,最后变成泥糊流失。在2 h左右,长50 m、宽6 m、高2 m的堤坡全部脱去。此后渗水流速越来越大,管涌直径扩大为5~6 cm,且数量相当普遍,险情也随之发展扩大,以致最后造成宽6 m、高2 m、长150 m的堤段发生滑坡险情。

#### 2. 出险原因

经调查证实,此次出险的主要原因是:①高水位引起背水坡滑坡,南坦堤段背河脱坡出现时,黄河水位较背河地面高出6 m,水头高,压力大,且堤身已受水浸润达5昼夜,时间较长,散浸严重,堤身下部土体已达饱和,抗剪强度降低,渗流流速过大,险情不断扩大,导致滑坡。②堤身土质差,渗透系数大。经锥探,在堤顶2.4 m以下至9.2 m全部为沙性土,即堤身与堤基都是强透水材料,渗透系数大,土体易于饱和,产生渗水和流土险情。③后戗基础为老潭坑。该潭坑系自行淤塞填平,多为有机物,成烂泥状,厚约4 m;再下为1 m厚的板沙,板沙下仍为烂泥,承载能力小,洪水期堤身浸润饱和,荷载加大,难以保证工程的安全。

#### 3. 工程抢险

根据发生滑坡险情的原因和现实严重的情况,经详细勘测研究确定,本着既能保证安全完整,又能将堤内渗水安全排出的原则,结合当地料物条件,采用柴草导滤法。具体做法是:先用草袋装好麦秸,在已滑坡范围内普遍压盖,由于基础已成泥浆,将底层草袋尽量踏入乱泥。如此连续铺盖三层,厚约1.5 m,基本上达到了严密的程度。在草袋上压盖土料,厚约1.5 m,高度略超出浸润线部位。经如此抢护之后,险情趋于稳定。经过12昼夜的考验,未再发生大的问题,虽然继续渗流,却是清水,证明抢护方法正确。

**(二)荆江大堤金拖堤段抢险**

**1.险情概况**

1954年8月1日,荆江大堤金拖堤段在外围人民大垸溃决后,突然挡水,在背河堤顶下2.8 m处发生裂缝,宽1 cm、长23 m,2 h后裂缝发展到150 m,裂缝不断向堤面发展和上下延伸,在堤顶下5.4 m处堤坡凸起,堤脚向外滑塌,水在稻田鼓起,距背河堤面边缘2~3 m发生断续裂缝,脱坡全长247 m,堤身呈弧形下塌。其中,长134 m一段最为严重,堤面崩塌2 m,坎高2.7 m,陡坎下部有水涌出,土壤饱和变成泥浆,堤面裂缝长83 m,缝宽2~12 cm(见图4-49):在滑坡下段堤脚,有2 cm清水漏洞突变为浑水漏洞,直径扩大为12 cm,冒水汹涌并冲出大量泥沙,伴随发生裂缝,形势万分危急。

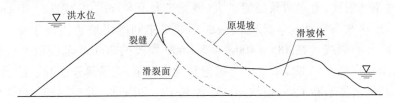

**图4-49  荆江大堤金拖堤段董家拐滑坡示意图**

**2.工程抢险**

(1)开沟导渗。由坡脚至崩坎,开垂直沟宽深各1 m,间距10 m,再沿裂缝开顺堤沟一条,宽深亦是1 m,但开沟深度没有达到计划要求,又缺乏导渗材料,只能用块石代替,同时由于险情发展太快,全部块石随土坡下塌,并部分鼓起,未见效果。于是又在块石下约1 m坡上另开顺堤沟及垂直沟,沟宽降为0.8 m,填卵石厚降为0.4 m,仍未见效,裂缝仍不断渗水。继续再由裂缝开垂直沟与原沟相连,间距改为6~12 m。同时沿

坎下裂缝开顺堤沟 1 条,宽深各 1 m,中部凸起部分沟深 2 m,填满卵石,上盖草垫。在垂直沟中间渗水的坡上,加斜形或人字形支沟与主沟相通,结果土壤变干、坚实。

(2)临水坡用袋土及抛土筑前戗,高出水面 0.3 m,宽 4 m,以加大堤身断面及减少渗水浸入堤内。

(3)填塘固基加修土撑。另在堤脚和水下部分,先填草包土,上压麻袋,填宽 6~12 m,高 1.5~2.0 m,袋土外又加抛块石平台,宽 2~6 m,高出水面 1.0~1.5 m。

(4)在排淤固基阻止滑塌的基础上,连接土撑加土还坡。

(5)在浑水漏洞处做围井。

采取以上措施后,经 11 昼夜的看护,得以解除险情。

**(三)湖北洪湖市长江青山垸堤段滑坡抢险**

1.险情概况

1998 年 8 月 20 日 23 时,在洪湖市长江青山垸堤段背水坡,发现两条弧形裂缝。第一条发生在 485+420~485+488 堤段,长 68 m。第二条裂缝发生在 485+550~485+590 堤段,长 40 m。出险部位都在堤肩以下 1.5~2.5 m 处。裂缝宽 1~5 cm,缝中明显积有渗水,21 日凌晨 1 时,险情迅速发展,上述两条裂缝扩大,缝宽扩大至 8 cm。堤坡下滑 10 cm,裂缝中渗水不断涌出。此时两条弧形裂缝中间的堤坡也出现了宽达 2 cm 以上的裂缝。在 485+400~485+600 堤段的 200 m 范围内裂缝相连,全线贯通。局部堤坡上的土壤饱和变成泥浆,险情迅速恶化。凌晨 3 时,两段滑体不断下挫,吊坎陡高增加到 12~20 cm。此时,485+600 处的裂缝,已向上游延伸,出现了约 50 m 长的断续裂缝,缝宽 1~2 cm。21 日 8 时,第一段严重的弧形裂缝下挫不明显,而第二段滑体下滑增加到 30 cm,坡面中部以下的堤坡土壤大部分稀软,一片泥泞,测得裂缝深度达 0.5~1.5 m,险情进一步恶化。

21 日 11 时,在青山段堤段的下游方向 485+050~485+070 长 20 m 堤段的背水坡,距堤内肩以下 2 m 的部位,也出现了 1~2 cm 的断续裂缝。同时,青山垸大堤从 485+000~485+850 长 850 m 堤段下部的半坡面,普遍散浸严重,渗水量大,有局部地段的堤坡稀软。

青山垸堤段顶宽不到 6 m,堤顶高程 34.10 m,临水坡坡度 1:3,背水坡坡度不到 1∶3,堤脚宽度比设计宽度少 4 m。坡面中部凸起,堤身单薄,背水坡平台宽 20 m,高程 28.5 m,地面高程 27.0 m。临水面滩地高程 27.5 ~ 28.0 m,无平台,堤防工程土质以沙壤土为主。出险时临水面水位 34.08 m(当地历史最高水位),超危险水位 1.78 m。

2. 出险原因

长江青山垸堤段滑坡的出险原因:①水位高,持续时间长;②堤身单薄,该段堤防工程高度、宽度不足,边坡过陡,渗径不足,且堤身为沙质壤土,抗渗强度不够。

3. 工程抢险

滑坡后,从 8 月 21 日起进行抢险,采取了以下 4 条抢护措施:

(1)抢挖导渗沟,速排渗水。在堤坡上,沿坡脚至滑挫陡坎按垂直于堤防工程方向挖沟导渗(0.5 m × 0.5 m),垂直沟间距 5 m。对两条垂直沟之间渗水不畅处的滑体,另加挖人字支沟,加速导水。垂直沟和人字支沟,均铺满三级反滤砂石料。分界沟中则铺满芦苇。同时,还在背水坡平台上按每 10 m 挖沟一条(0.8 m × 1.0 m),将流入堤路分界沟中的渗水导出。

(2)抢筑透水压台,导出渗水,降低浸润线,做反压平台,使堤坡趋于稳定。具体做法是:在滑挫堤坡 485 + 420 ~ 485 + 488 和 485 + 550 ~ 485 + 590 处,分别抢筑长 80 m 和 60 m、宽 5 m 的透水压台两段。抢筑透水压台前,在做好了三级反滤沟的堤坡堤脚上全部铺盖芦苇稻草,此后再压盖土料,使透水压台成为从下至上分别为芦苇 0.4 m 厚、稻草 0.1 m 厚、土 0.8 m 厚的成层透水结构。按以上结构再分三级筑成总高 3.3 m 的透水压台。同时,在 485 + 500 ~ 485 + 550 和 485 + 600 以上出现裂缝的背水坡,筑顺堤长 10 m 高、高宽相应的透水土撑 4 座。

(3)抢筑外帮截渗,加大堤身断面,减少渗水量,稳定堤身。在 485 + 400 ~ 485 + 650 堤段,突击抢筑外帮,其宽 10 m,高出水面 0.3 m。

(4)延长外帮,加宽加深导渗沟,翻填裂缝,预防新的险情。在青山垸 850 m 长的严重散渗堤段,组织单独的抢险队,将原来的导渗沟进行加宽加深,以加速滤水,降低浸润线。特别是对紧邻 485 + 400 以下 100 m 的严重散浸部分,背水坡做三级砂石反滤,临水坡外帮下延 100 m、宽 3 m,以防止可能出现新的滑坡。对 485 + 050 ~ 485 + 070 出现的断续裂缝

也做了两个内透水土撑,加做外帮等相应措施,最后对滑坡裂缝108 m的吊坎也进行了清理翻挖,用黏土回填,胶布覆盖,以防止雨水淋灌。青山垸背水坡滑坡抢险堤防工程剖面见图4-50。

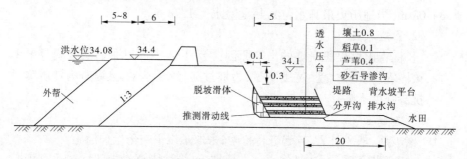

**图 4-50　青山垸背水坡滑坡抢险堤防工程剖面示意图**　（单位：m）

经采取上述四项抢护措施后,滑坡体及堤身渗水出溢流畅。21 日下午,滑坡堤段浸润线明显下降,背水坡逐步干燥。在透水压台完成后观察,滑体完全终止下滑,滑坡险情基本消除。

# 第五节　漏洞抢险

## 一、险情说明

汛期在背水坡或背水坡脚附近出现横贯堤身或堤基的渗流孔洞,称为漏洞。漏洞又分为清水漏洞和浑水漏洞。如果漏洞口流出的是清水,称为清水漏洞,往往是由堤身散浸集中形成,说明险情刚刚发生,还没有迅速扩展,如处理不及时或处理不当就可发展成浑水漏洞,因此应及时组织抢护。如果漏洞流出浑水,或由清变浑,或时清时浑,均表明漏洞正在迅速扩大,堤身有可能发生塌陷甚至溃决的危险。因此,无论是发生清水漏洞还是浑水漏洞,也无论漏洞大小,均属重大险情,必须慎重对待,全力以赴,迅速进行抢护。

## 二、原因分析

漏洞产生的原因是多方面的,一般有以下几点:

（1）由于历史原因,堤身内部遗留有屋基、墓穴、战沟、碉堡、暗道、灰隔、地窖等,筑堤时未清除或清除不彻底。

（2）堤身填土质量不好,土料含沙量大,未夯实或夯实达不到标准,有土块或架空结构,在高水位作用下,土块间部分细料流失,堤身内部形成越来越大的孔洞。

（3）堤身中夹有沙层等,在高水位作用下,沙粒流失,形成流水通道。

（4）堤身内有白蚁、蛇、鼠、獾等动物洞穴,腐朽树根或裂缝,在汛期高水位作用下,淤塞物冲开,或因渗水沿裂缝隐患、松土串连而成漏洞。

（5）在持续高水位条件下,堤身浸泡时间长,土体变软,更易促成漏洞的生成,故有"久浸成漏"之说。

（6）位于老口门和老险工部位的堤段、筑堤时对原有抢险所用抢险木桩、柴料等腐朽物未清除或清除不彻底,形成漏水通道。

（7）复堤结合部位处理不好或产生过贯穿裂缝处理不彻底,一旦形成集中渗漏,即有可能转化为漏洞。

（8）沿堤修筑涵闸或泵站等建筑物时,建筑物与土堤结合部填筑质量差,在高水位时浸泡渗水,水流由小到大,冲走泥土,形成漏洞。

## 三、险情判别

从漏洞形成的原因及过程可以知道,漏洞是贯穿堤身的流水通道,漏洞的出口一般发生在背水坡或堤脚附近,其主要表现形式有:

（1）漏洞开始因漏水量小,堤土很少被冲动,所以漏水较清,也叫清水漏洞。此情况的产生一般伴有渗水的发生,初期易被忽视。但只要查险仔细,就会发现漏洞周围渗水的水量较其他地方格外大,应引起特别重视。

（2）漏洞一旦形成后,出水量明显增加,且多为浑水,漏洞形成后,洞内形成一股集中水流,来势凶猛,漏洞扩大迅速。由于洞内土的逐步崩解、逐渐冲刷,出水水流时清时浑,时大时小。

（3）漏洞险情的另一个表现特征是漏洞进水口水深较浅无风浪时,水面上往往会形成漩涡,所以在背水侧查险发现渗水点时,应立即到临水侧查看是否有漩涡产生。如漩涡不明显,可在水面撒些麦麸、谷糠、碎草、纸屑等碎物,如果发现这些东西在水面打旋或集中一处,表明此处水下有

进水口。

（4）漏洞与管涌的区别在于前者发生在背河堤坡上，后者发生在背河地面上；前者孔径大，后者孔径小；前者发展速度快，后者发展速度慢；前者有进口，后者无进口等。综合比较，不难判别。

## 四、漏洞查找方法

漏洞险情发生时，探摸洞口是关键，主要有以下方法：

（1）撒糠皮法。漏洞进水口附近的水流易发生漩涡，撒糠皮、锯末、泡沫塑料、碎草等漂浮物于水面，观测漂浮物是否在水面上打旋或集中于一处，可判断漩涡位置，并借以找到水下进水口，此法适用于漏洞处水不深而出水量较大的情况。

（2）竹竿吊球法。在水较深，且堤坡无树枝杂草阻碍时，可用竹竿吊球法探测洞口，其方法是：在一长竹竿上（视水深大小定长短）每间隔 0.5 m 用细绳拴一网袋，袋内装一小球（皮球、木球、乒乓球等），再在网袋下端用一细绳系一薄铁片或螺丝帽配重，铁片上系一布条。持竹竿探测时如遇洞口布条被水流吸到洞口附近，则小球将会被拉到水面以下。

（3）竹竿探测法。一人手持竹竿，一头插入水中探摸，如遇洞口竿头被吸至洞口附近，通过竹竿移动和手感来确定洞口。此法适用于水深不大的险情，如果水深较大，竹竿受水阻力较大，移动度过小，手感失灵，难以准确判断洞口位置。

（4）数人并排探摸。由熟悉水性的几个人排成横列（较高的人站在下边）立在水中堤坡上，手臂相挽，顺堤方向前进，用脚踩探，凭感觉找洞口。采用此法，事先要备好长竿或梯子、绳子等救生设备，必要时供下水人把扶，以保安全。此法适用于浅水、风浪小且洞口不大的险情。

（5）潜水探摸。漏洞进水口处如水深溜急，在水面往往看不到漩涡，需人下水探摸。当前比较可行的方法是：一人站在临堤坡水边或水内，持 5~6 m 长竹竿斜插入深水堤脚估计有进水口的部位，要用力插牢、持稳，另有熟悉水性的 1 人或 2 人沿竿探摸，一处不行再移动竹竿位置另摸。因有竹竿凭借，潜、扶、摸比较得手，能较快地摸到进水口并堵准进水口，但下水人必须腰系安全绳，以策安全，有条件时潜水员探摸更好。

（6）布幕、编织袋、席片查洞。将布幕或编织布等用绳拴好，并适当

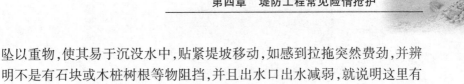

坠以重物,使其易于沉没水中,贴紧堤坡移动,如感到拉拖突然费劲,并辨明不是有石块或木桩树根等物阻挡,并且出水口出水减弱,就说明这里有漏洞。

(7)利用漂浮探漏自动报警器探准洞口。漂浮探漏自动报警器是利用水流在漏洞进口附近存在流速场,靠近洞口的物体能被吸引的原理设计的。漂浮探漏自动报警器分为探测系统和报警系统两部分,探测系统是核心,由探杆、细绳、浮漂、吸片和配重组成。报警系统属于辅助装置,其作用是探测系统发现漏洞口时,发出报警,夜间也能发挥正常效用。

## 五、抢护原则

抢护漏洞的原则是"前堵后导,临背并举"。应首先在临水坡查找漏洞进水口,及时堵塞,截断漏水来源。同时在背水坡漏洞出水口采取反滤盖压,制止土料流失,使浑水变清水,防止险情扩大。切忌在背河出水口用不透水料物强塞硬堵,以免造成更大险情。切忌在堤脚附近打桩,防止因震动而进一步恶化险情。一般漏洞险情发展很快,特别是浑水漏洞,危及堤身安全,所以抢护漏洞险情要抢早抢小,一气呵成,决不可贻误战机。

## 六、抢护方法

常用的抢护方法有如下几种。

### (一)临水堵截

当探摸到洞口较小时,一般可用土工膜、篷布等隔水材料盖堵、软性材料堵塞,并盖压闭气;当洞口较大,堵塞不易时,可利用软帘、网兜、薄板等覆盖的办法进行堵截;当洞口较多、情况复杂时,洞口一时难以寻找,如水深较浅,可在临水修筑月堤,截断进水,也可以在临水坡面用黏性土帮坡,起到防渗防漏作用。

#### 1. 塞堵法

当漏洞进水口较小,周围土质较硬时,可用棉衣棉被、草包或编织袋等料物塞堵,或用预制的软楔、草捆堵塞。这一方法适用于水浅且流速小,只有一个或少数洞口,人可以下水接近洞口的地方,具体做法如下。

1)软楔堵塞

用绳结成圆锥形网罩,网格约 10 cm×10 cm,网内填麦秸、稻草等软

料,为防止放到水里往上漂浮,软料里可以裹填一部分黏土。软楔大头直径一般为40~60 cm,长度为1.0~1.5 m。为抢护方便,可事先结成大小不同的网罩,在抢险时根据洞口大小选用网罩,并在罩内充填料物,用于堵塞。

2)草捆堵塞

把稻草或麦秸等软料用绳捆扎成圆锥体,粗头直径一般为40~60 cm,长度为1.0~1.5 m,一定捆扎牢固。同时要捆裹黏土,以防在水中漂浮。在抢堵时首先应把洞口的杂物清除,再用软楔或草捆以小头朝洞里塞入洞内。小洞可以用一个,大洞可以用多个,洞口用软楔或草捆堵塞后,要用篷布或土工膜铺盖,再用土袋压牢,最后用黏性土封堵闭气,达到完全断流为止。

若洞口不只一个,堵塞时要注意不要顾此失彼,扩大险情。如主洞口没有探摸、处理,也容易延误抢险时间,导致口门扩大,险情更趋严重。

2.盖堵法

盖堵法就是用铁锅、软帘、网兜和薄木板等盖堵物盖住漏洞的进水口,然后在上面抛压黏土袋或抛填黏土盖压闭气,以截断洞口的水流,根据覆盖材料的不同,有以下几种抢护方法:

(1)复合土工膜、篷布盖堵。当洞口较大或附近洞口较多时,可采用此法,先用5.0 cm钢管将土工膜或篷布卷好,在抢堵时把上边两端用麻绳或铅丝系牢于堤顶木桩上,放好顺堤坡滚下,把洞口盖堵严密后再盖压土袋并抛填黏土闭气。

(2)软帘盖堵法。此法适用于洞口附近流速较小、土质松软或周围已有许多裂缝的情况。一般可选用草席或棉絮等重叠数层作为软帘,也可就地取材,用柳枝、稻草或芦苇编扎成软帘。软帘的大小应视洞口的具体情况和需要盖堵的范围决定。软帘的上边可根据受力的大小用绳索或铅丝系牢于堤顶的木桩上,下边坠以重物,以利于软帘紧贴边坡并顺坡滚动。盖堵前先将软帘卷起,盖堵时用杆顶推,顺堤坡下滚,把洞口盖堵严密后,再盖压土袋,并抛填黏土,达到封堵闭气。

(3)水布袋堵漏法。此种方法是利用透水与透水不透砂两种材料分别制成袋口上有金属环的布袋,将袋置于洞口附近,被水流冲进洞内,在水压力作用下充分膨胀,袋体紧密地压贴在洞口处,漏洞即被封堵。水布

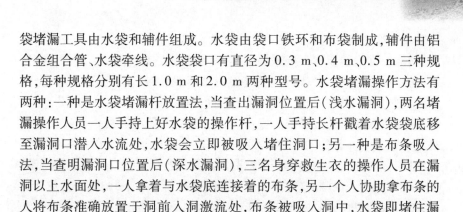

袋堵漏工具由水袋和辅件组成。水袋由袋口铁环和布袋制成,辅件由铝合金组合管、水袋牵线。水袋袋口有直径为 0.3 m、0.4 m、0.5 m 三种规格,每种规格分别有长 1.0 m 和 2.0 m 两种型号。水袋堵漏操作方法有两种:一种是水袋堵漏杆放置法,当查出漏洞位置后(浅水漏洞),两名堵漏操作人员一人手持上好水袋的操作杆,一人手持长杆戳着水袋袋底移至漏洞口潜入水流处,水袋会立即被吸入堵住洞口;另一种是布条吸入法,当查明漏洞口位置后(深水漏洞),三名身穿救生衣的操作人员在漏洞以上水面处,一人拿着与水袋底连接着的布条,另一个人协助拿布条的人将布条准确放置于洞前入洞激流处,布条被吸入洞中,水袋即堵住漏洞。水袋堵漏的关键技术是如何准确地将水袋放置于洞口。水袋具有体积小、质量轻、便于携带、制作简单、价格便宜、便于存放、可多年使用、适应能力强等特点。

(4)软罩堵漏法。该法堵漏的主要特点是抢堵漏洞快、适应性强、软罩与洞口接触密实、操作简单、造价低廉、加工制作快、质量轻等。制作与使用方法:软罩直径 0.3~0.5 m,阻圈可根据直径大小选材,一般用直径 16~22 mm 的圆钢或扁铁焊制。软布可采用耐拉土工布或特别加工的软布织品,用料根据软罩直径而定。堵漏时用人或竹竿将软罩沿堤坡盖住洞口,然后及时用编织土袋加固,压盖闭气。"软罩堵漏法"具有外硬内软特性,此法与门板、铁锅堵漏相比,克服了门板堵漏的硬性、浮力大、密封闭气差和铁锅堵漏操作危险性大的缺点。

(5)机械吊兜抢险技术。它主要是利用吊车或挖掘机直接吊运网兜盖堵较大的漏洞口。具有抢堵漏洞快、抗冲能力强、密封闭气好、省力省料、便于携带和运输等特点。制作使用方法:网兜用直径 2 cm 的小麻绳编制,网眼 25~30 cm 见方,网高 1.0~1.5 m,直径 2.0 m,网绳用直径 3.0 cm 的棕绳,网兜内装麻袋、塑料编织袋若干个,麻袋和编织袋要装松散的淤土和两合土,切忌用硬土块。堵漏时,装土 70% 左右,一般网兜内装土 1.0~2.0 m³。吊兜做好后用吊车或挖掘机吊起网兜直接盖住洞口,然后抛土加固。

(6)电动式软帘抢堵漏洞。制作使用方法如下:在软帘滚筒的一端安装一个 5 kW 的电机,由一个正、倒向开关控制,给软帘滚筒一个同轴心的转动力,迫使软帘滚筒向下推进。为了降低转速,加大扭矩,在电机

一端设置变速箱。由人工控制能伸缩的操纵杆,保证电机和软帘滚筒的相对转动,准确掌握软帘推进的尺度,确保软帘覆盖到位。为封严软帘四周,防止漂浮、进水,解决软帘不能贴近坡面、易引发新漏洞的问题,把软帘滚筒做成两端粗(直径为 30 cm)、中间细(直径为 15 cm)的形状,可确保整个软帘拉平,贴近堤坡。操作时先在堤顶上固定两根 0.5 m 长的木桩或数根 30 cm 长的铁桩,再把固定拉杆、拉绳拴于桩上,然后一人手持操纵杆,接通电源,展开软帘,依据漏洞位置,视覆盖到位情况,关闭电源。如果软帘没有盖住漏洞口,开关置于倒向把软帘卷上来,调整位置重新展开软帘,直到盖住漏洞入水口为止。

(7)铺盖 PVC 软帘堵漏。每卷软帘宽 4.0 m,厚 1.2 mm,与坡同长。上端设直径 5.0 cm 钢管,下端设直径 20 cm 混凝土圆柱。PVC 卷材具有一定柔性,在漏洞水力吸引下能迅速将漏洞封堵。该材料又具有其他柔性材料没有的刚性,因此受水冲摆影响小,易入水。软帘入水靠配重沿堤坡自然伸展开,软帘与堤坡的摩擦力及水流的冲浮力最小,入水角度最佳。

(8)铁锅盖堵。适用于洞口较小,水不太深,洞口周边土质坚硬的情况。一般用直径比洞口大的铁锅,正扣或反扣在漏洞口上,周围用胶泥封住,即可截断水流。

(9)网兜盖堵。在洞口较大的情况下,也可以用预制的方形网兜在漏洞进口盖堵。制作网兜一般采用直径 1.0 cm 左右的麻绳,织成网眼 20 cm×20 cm 的网,周围再用直径 3.0 cm 的麻绳作网框,网宽一般 2.0~3.0 m,长度应为进水口至堤顶的边长 2 倍以上。在抢堵时,将网折起,两端一并系牢于堤顶的木桩上,网中间折叠处坠以重物,将网顺边坡沉下成网兜形,然后在网中抛以草泥或其他物料,以堵塞洞口。待洞口覆盖完成后,再压土袋,并抛填黏土,封闭洞口。

(10)黏土盖堵。堤坝临水坡漏洞较多较小,范围较大,漏洞口难以找准或找不全时,可采用抛填黏土,形成黏土贴坡达到封堵洞口的目的。具体做法如下:①抛填黏土前戗。根据漏水堤段的临水深度和漏水严重程度,确定抛填前戗的尺寸。一般顶宽 2.0~3.0 m,长度最少超过漏水堤段两端各 3.0 m,戗顶高出水面约 1.0 m,水下坡度应以边坡稳定为度。抢护时,在临水堤肩上准备好黏土,然后集中力量沿临水坡由上而下、由

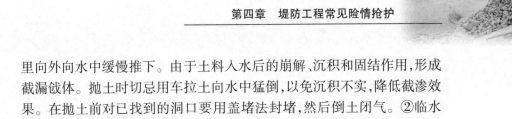

里向外向水中缓慢推下。由于土料入水后的崩解、沉积和固结作用,形成截漏戗体。抛土时切忌用车拉土向水中猛倒,以免沉积不实,降低截渗效果。在抛土前对已找到的洞口要用盖堵法封堵,然后倒土闭气。②临水修筑月堤。在漏洞较多、范围较大、不易寻的情况下,当临河水不太深,取土较易时,可在临河抢筑月堤,将出险堤段圈护在内,再在堤身寻找洞口或用黏土进行封闭。

**(二)背水导渗**

背水导渗常用的方法有反滤围井法、反滤压盖法、无滤减压围井法和透水压渗台法等。

1.反滤围井法

堤坡尚未软化,出口在坡脚附近的漏洞,可采用此法。堤坡已被水浸泡软化的不能采用。反滤围井抢筑前,应清基除草,以利围井砌筑。围井筑成后应注意观察防守,防止险情变化和围井漏水倒塌。根据围井所用材料的不同,具体做法有以下几种:

(1)土工织物反滤围井。在抢筑围井时,应先将围井范围内一切带有尖棱的石块和杂物清除,表面加以平整后,先铺设符合反滤要求的土工织物,然后在其上填筑沙袋或砂砾石透水料物,周围用土袋垒砌做成围井。围井范围以能围住流土出口和利于土工织物铺设为度,周围高度使渗漏出的水不带泥沙为度,一般高度为 1.0 ~ 1.5 m。根据出水口数量多少和分布范围,可以布置单个围井或多个围井,一般单个洞口围井直径1.0 ~ 2.0 m,也可以连片做成较大的围井。

(2)砂石反滤围井。当现场砂石料比较丰富时,也可以采用此法。抢筑这种围井的施工方法与土工织物反滤围井基本相同只是用砂石反滤料代替土工织物。按反滤要求,分层抢铺粗砂、小石子和大石子,每层厚度 20 ~ 30 cm。反滤围井完成后,如发现料物下沉,可继续补填滤料,直到稳定。砂石反滤围井筑好后,当险情已经稳定后,再在围井下端用竹管或钢管穿过井壁,将围井内的水位适当排降,以免井内水位过高,导致围井附近再次发生管涌、流土和井壁倒塌,造成更大的险情。

(3)梢料反滤围井。在土工织物和砂石料缺少的地方,一时难以运到,又急需抢护,也可就地取材,采用梢料反滤围井。细梢料可采用麦秸、稻草等厚 20 ~ 30 cm,粗梢料可采用柳枝和秫秸等厚 30 ~ 40 cm,其填筑

要求与砂石反滤围井相同。但在反滤梢料填好后,顶部要用沙袋或石块压牢,以免漂浮冲失。

上述三种反滤围井仅是防止险情扩大的临时措施,并不能完全消除险情,围井筑成后应密切注意观察防守,防止险情变化和围井漏水倒塌。

**2. 反滤压盖法**

在大堤背水坡脚险情处,抢筑反滤压盖,制止堤基土沙流失,以稳定险情。一般适用于险情面积较大并连成片、险情比较严重的地方。根据所用反滤料物不同,具体抢筑方法有以下几种:

(1)土工织物反滤压盖。此法适用于铺设反滤料物较大的情况。在清理地基时,应把一切带有尖棱的石块和杂物清除干净,并加以平整。先铺一层土工织物,其上铺砂石透水料,最后压石块或沙袋一层。

(2)砂石反滤压盖。在砂石料充足的情况下,可以优先选用。先清理铺设范围内的杂物和软泥,对其中涌水涌沙较严重的出口用块石或砖块抛填,消杀水势。同时,在已清理好的大片有管涌和流土的面积上,普遍盖压粗砂一层,厚约 20 cm,最后压盖块石一层,予以保护。

(3)梢料反滤压盖。在土工织物和砂石料缺少的地方,也可以采用梢料反滤压盖,清基要求、消杀水势与土工织物和砂石反滤压盖相同。在清理地基后,铺筑时先铺细梢料,麦秸或稻草等厚 10~15 cm,再铺粗梢料柳枝或秫秸厚 15~20 cm,然后上铺席片或草垫等。这样层梢层席,视情况可只铺一层或连续数层,然后上面压盖石块或土袋,以免梢料漂浮。必要时再压盖透水性大的沙土,修成梢料透水平台。但梢料末端应露出平台脚外,以利渗水排除。总的厚度以能制止涌水带出细砂,浑水变清水,稳定险情为原则。

**3. 无滤减压围井法**

减压围井也叫养水盆,在大堤背水坡脚险情处使用土袋抢筑围井,抬高井内水位以减少临背水头差,降低渗透压力,减少水力坡降,制止渗透破坏,稳定险情。此法适用于临背水头差较小,高水位持续时间短,出现险情周围地表坚实、完整、渗透性较小,未遭破坏,现场又缺少土工织物和砂石反滤料物的情况,具体做法有以下几种:

(1)无滤层围井。在出水口周围用土袋垒砌无滤层围井,随着井内水位升高,逐渐加高加固,直到制止涌水带沙,险情稳定。

（2）无滤层水桶。对个别或面积较小的出水口,可采用无底的水桶或油桶,紧套在出水口上面,四周用土袋围筑加固,做成无滤层水桶,靠桶内水位升高,逐渐减小渗水压力,制止涌水带沙,使险情趋于稳定。

（3）背水月堤。当背水堤脚附近出现分布范围较大的出水险情时,可在背水坡脚附近抢筑月堤,截蓄涌水,抬高水位。月堤可随水位升高而加高,直至险情稳定,然后安设排水管将余水排出。对背水月堤的实施,必须慎重考虑月堤的填筑质量和工作量以及完成时间,要保证能适应险情的发展和安全的需要。

4. 透水压渗台法

在背河坡脚抢筑透水压渗台,可以平衡渗压,延长渗径,减少水力坡降并能导出渗水,防止涌水带沙,使险情趋于稳定。此法适用于险情范围较大,现场缺乏反滤料物,但沙土料源比较丰富的地方。具体做法是:先将抢险范围内的淤泥和杂物清除干净,对较严重的涌水出水口用石块或砖块填塞,待水势消杀后,用透水性大的沙土修筑平台。透水压渗台的尺寸应根据地基土质条件,分析弱透水层底部垂直向上渗压分布情况和修筑压渗台的土料物理力学性能,分析其在自然容重或浮容重情况下,平衡自下而上的承压水头的渗压台所必需的厚度,以及因修筑渗压台导致渗径的延长、渗压的增大所需要的台宽与台高。

5. 水下漏水的抢护

如果漏洞出水口在背河池塘或沟渠内,可结合具体情况,采取以下方法:

（1）填塘。如坑塘不大,在人力、机械、时间和取土条件能够迅速完成任务的情况下,可采用此法。对严重的出水涌沙口在填塘前应先抛石或砖块塞堵,待水势消减后集中人力、机械采用沙土或粗砂将坑塘填筑起来,制止涌水带沙,稳定险情。

（2）水下反滤层。如坑塘过大,用沙土填坑贻误战机时,可采用水下抛填反滤层。在抢筑时,从水上直接向出水区内分层按要求倾倒砂石反滤料,形成反滤堆,制止涌水带沙,控制险情。

（3）抬高坑塘或沟渠水位。为了抢先争取时间,常利用管道引水入塘或临时安装抽水机引水入塘,抬高水位,减少临背水头差,制止涌水带沙,此法作用原理与减压围井类似。

## 七、注意事项

（1）出现漏洞险情应按照抢险要求,将抢险人员分成临水洞口堵截和背水反滤填筑两大部分,紧张有序地进行抢险工作。

（2）在抢堵洞口时,切忌乱抛石料等块状料物,以免架空,使漏洞继续发展扩大。

（3）在背河堤脚附近抢护时,切忌使用不透水材料堵塞,以免截断排水出路,造成渗透坡降加大,使险情恶化。

（4）使用土工织物做反滤材料时,应注意不要被泥土淤塞,阻碍渗水流出。

（5）透水压渗台应有一定的高度,能够把透水压住。

（6）在背坡需做反滤围井时,井内水位上升较快,最重要的是基础处理好,与井壁结合紧密,严防漏水。

## 八、抢险实例

### （一）济南天桥老徐庄堤段漏洞险情抢护

1. 险情概况

济南天桥老徐庄堤段位于济南郊区黄河右岸。1958 年 7 月 17 日黄河花园口站出现 22 300 m³/s 的大洪水,7 月 19 日济南河段开始涨水,23 日 12 时济南泺口站最高水位 32.09 m,超保证水位 1.09 m,老徐庄堤段临河水位比背河地面高出 6.0 ~ 7.0 m。7 月 23 日,老徐庄险工上首发现 3 个漏洞险情。当日 1 时在临河堤脚查水发现 2 个陷坑,背河未发现出水,当即用草捆、麻袋装土塞堵。当日 4 时许,于两陷坑下游 50 m 处背河戗顶发现直径约 0.1 m 的浑水漏洞,在对应临河堤坡上发现水深 1.0 m 处有漩涡,经过探摸为进水口,随即用草捆和 3 条麻袋塞堵,背河流水停止,险情缓和。不久在第一个洞口下首 4 m 处又发现一个出水口,随即用土袋做养水盆处理,并在临河找到进水口,用草捆、柳枝及土袋堵塞。半小时后第一个漏洞出水口又冒出浑水,水流更急,同时背河后戗顶部又发现新漏洞一个,出水口如鸡蛋大。前后在 85 m 长堤段内共发现临背贯通漏洞 3 个,险情发展十分危急。

**2. 出险原因**

出险原因主要是高水位浸泡时间长,筑堤土质差。

**3. 工程抢险**

针对出险情况,采取"临河堵塞、背河反滤"的抢护原则。在背河发现漏洞时,一面在背河用土袋做小型半圆形围堰,直径 2 m 左右,即养水盆。另一面在临河及时找到洞口,及时堵塞,后用柳枝编围坝,抛填土袋及散土封堵。险情缓和,但仍感觉不安全。后又在背河土袋围堰内填 20 cm 厚麦秸,并压土袋,但效果不理想,不久又冒浑水,将麦秸冲开,水流速度加大。又将反滤围井直径扩至 20 m,铺填麦秸 7 500 kg,厚 50 cm,用土袋千余条加固,并在临河用土袋 4 000 余条打月堤围堰一道,长 85 m,将发生问题的堤段全部围住,并在围堰内抛填散土 2 000 余 m³。背河出水停止,完全闭气,险情排除。

**(二)长江汉口丹水池漏洞险情抢护**

**1. 险情概况**

丹水池堤位于武汉市江岸区长江左岸。1998 年 7 月 29 日 17 时 25 分,巡堤人员在巡查长江丹水池中南油库堤段时发现距防水墙 8 m 处有 3 处直径约 4 cm 的管涌险情,立即向防汛指挥部报告。指挥部当机立断抽调省武警一支队八中队、区公安干警和区防汛指挥部及当地居民共近 300 人,同时调集黄砂、瓜米石、片石近 60 t,在管涌处修筑围堰导滤。经过 1 h 奋战,19 时 20 分,基本控制局势,渗水变清,险情稳定。后指派 20 多名抢险人员彻夜守护观察,未发现异常。7 月 30 日 11 时 28 分,防守人员发现原管涌内侧 1.5 m 左右出现新的管涌,涌水口迅速扩大达 80 cm 左右,形成浑水漏洞,浑水不断上涌,涌高达 1 m 多,涌水量约为 0.4 m³/s,同时在堤脚处发现 4 处渗浑水。

**2. 险情原因**

此处险情发生的原因,主要是地基地质条件差,建堤时又未作彻底处理。20 世纪 50 年代钻探的地质资料表明,土层自上而下分别为 1.0~1.8 m 杂填土、2.2~3.0 m 沙壤土、6.0 m 左右粉质壤土,再下为细砂层。此段 1931 年 7 月 29 日水位 27.21 m 时曾经溃口;1935 年 7 月 9 日,发生过 200 余 m 堤基穿洞险情;1954 年 8 月 24~25 日发生直径 30 cm 浑水漏洞和 2 个直径 1 m 的深跌窝等险情。

3. 工程抢险

采用"前堵后导，临背并举"的原则抢护。开始在背水面涌水口倒沙和细骨料堵口，都被冲走；再填粗骨料还是堵不住。经分析，堤基很可能已内外贯通，于是巡查迎水面。12 时 40 分，中南石化职工王占成发现迎水堤外江面有一漩涡，便奋不顾身跳入江中，探摸水下岸坡，发现有 0.8 m 宽洞口，江水向里涌，找到了浑水漏洞的进水口。现场抢险人员纷纷跳入江中，用棉被、毛毯包土料，封堵洞口。同时在堤背水面用土袋、沙袋围井填砂石料反滤，实行外堵内压导渗。经过 3 h 奋战，堤背水面涌水明显减弱，险情基本得到控制。接着在市防汛指挥部的统一指挥下，抢险人员分成三个队，临河两个队负责运送材料，背河一个队负责填筑外平台，进行加固堤防。到 7 月 30 日 19 时，漏洞险情得到有效控制。这次抢险共调集武警、公安干警、交警、突击人员及各类抢险队员 2 600 人投入抢险战斗，共动用各种运输车辆 300 台次，黄土 300 $m^3$，瓜米石 200 $m^3$，黄砂 200 $m^3$，编织袋 4.7 万条，编织彩条布 400 $m^2$，棉被、毛毯约 50 条。

**（三）长江蕲河赤东支堤漏洞群抢险**

1. 险情概况

赤东支堤位于湖北省蕲春县蕲河左岸，距入江口约 4 km，原系八里湖围垦灭螺的拦洪坝。1957 年冬，蕲河改道后，该坝按 1954 年洪水位（24.94 m）为设计标准进行加高培厚，经历年培修，现堤顶面宽 8 m，高程 26.0 m，内外边坡为 1∶3，临水平台宽 12.0 m，高程 22.0 ~ 23.0 m，临水堤脚高程 15.4 m 左右；背水平台宽 20 ~ 28 m，高程 21.0 ~ 22.0 m，背水堤脚高程 16.0 m 左右。该堤段既防江汛，又抗山洪，是该县防汛抗洪的重要屏障。

从 1998 年 7 月 2 日至 8 月 7 日的 36 天内，外江水位在 24.25 ~ 25.53 m 时，赤东支堤付草湖（3 +000 ~ 6 +400）长 3 400 m 堤段，先后发生不同程度漏洞险情 18 处 23 个，其中浑水漏洞 7 处 12 个，口径 3 ~ 13 cm，水量 5 ~ 50 L/min；清水漏洞 11 处 11 个，口径 3 ~ 10 cm，水量 2 ~ 12 L/min，出险高程 22.0 ~ 24.0 m。此外，该段 4 +800 距背水堤坡脚 90 m 处，还发生口径 20 cm、深 40 cm 的管涌险情 1 处，涌水量 40 L/min；散浸险情 3 处，长 1 518 m；跌窝险情 2 处，最深 1.0 m。险情发生快，出险频率高，漏洞贯穿堤身，严重危及堤防安全，属溃口性险情，为历史上所少见。

2. 出险原因

（1）白蚁隐患。由于该堤 15.0 m 高程以上均系人工回填的亚沙土，较适合白蚁生存，且受附近王门山、杨坛山和对洞双沟黄土丘陵山岗上寄生的白蚁影响，堤坝白蚁危害非常严重。1983～1998 年共挖出土栖白蚁 34 窝，蚁巢位置均在堤身 23.5 m 高程上下，巢龄在 10 年以上，蚁道穿堤身。1998 年汛前检查发现该堤段仍有白蚁活动迹象。

（2）堤身断面小，渗径短。历年局部翻挖白蚁后，回填土与原土体结合不密实，不牢固，在外江高水位长期浸泡下，渗透水流不断加大，久浸成漏。

（3）防洪标准低。该堤段系按 1954 年实际发生水位 24.94 m 为设计水面线设计的。1998 年实际发生水位为 25.54 m，超实际水面线 0.6 m，堤防的防洪标准不够。

（4）该堤段 5＋000 处为一河道节点，下游 4＋000～5＋000 长 1 000 m 堤段，外深泓逼脚，堤岸被水流冲刷淘空崩塌，削弱了堤身的抗洪能力。

3. 工程抢险

采取"前堵后导，临背并举"的原则抢护。

7 月 2 日上午 8 时，外江水位 24.25 m 时，防守人员发现 4＋805 处背水堤坡脚有险情，经技术人员鉴定，系一漏洞，口径 3～4 cm，清水、量小。15 时险情恶化，该段背水堤坡脚（高程 22.0 m）处冒浑水，出水量约为 20 L/min，洞口口径 11 cm，浑水中挟有白蚁。险情发生后，指挥部迅速调劳力 1 000 人，机械 300 台套，采取内（背水）导外（临水）帮的方法进行处理。洞口围堰尺寸：2 m×3 m×1.0 m（长×宽×高），填反滤料；外帮长 50 m，宽 2～3 m，边坡 1∶2.5，高程 23.0～26.0 m，以漏洞处为中心分别向上、下游延长 25 m。经过 5 h 抢护，到 20 时，漏洞终于堵住了，内围堰水位骤然下降，洞口无明显水流。

7 月 28 日上午 10 时，外江水位 25.30 m 时，3＋650 处距背水堤坡脚 12 m 的平台上，发生口径 13 cm 的漏洞险情，浑水挟沙带泥团，出水量约 50 L/min。采取洞口围堰导滤，围堰尺寸：5 m×3 m×0.5 m（长×宽×高），黏土外帮（外帮长 50 m，宽 2～3 m）。措施完成后，出水量略有减小，但仍流浑水。根据该堤段堤情和出险情况，指挥部领导和工程技术人员研究决定变局部外帮为全线外帮，重点加强，确保堤防万无一失，安全

度汛。

7月29日15时,外江水位25.44 m,同一位置距背水堤坡脚9 m的平台中发现5个漏洞,最大口径10 cm,最小口径5 cm,出水量约为40 L/ min,浑水挟沙带泥团。险情发生后,一方面组织劳力,扩大围堰,尺寸6 m×4 m×1.0 m(长×宽×高),另组织机械、劳力增大外帮尺寸,宽从3 m增至8 m,帮长200 m,并派50名水手下水踩土,使其密实。7月31日,局部外帮措施完成后,围堰浑水变清,水量减至6 L/min左右。8月5日,水位25.38 m时,3 +650处堤顶背水侧(高程26.00 m),发生长96 m(顺堤方向)、宽3 m、深1 m的跌窝险情。从出险情况看,系高水位长期浸泡后,蚁巢周壁土体浸软饱和,抗剪强度降低,从而引发跌窝。险情发生后,迅速组织劳力60人进行翻挖,长1 m(顺堤方向)、宽8 m、深1.2 m,用黏土回填夯实后,漏洞出水口断流。

赤东支堤漏洞险情发生伊始,指挥部组织抢险的指导思想十分明确,外帮内导,为险情的成功抢护赢得了时间。先后调动四个乡镇场劳力8 000人,人民解放军、武警官兵600人,机械6 000台套,共做黏土外帮长3 400 m,宽3 ~10 m,高程23.0 ~ 26.0 m,边坡1:2.5 ~1:3;累计完成土方3.5万 $m^3$,消耗砂石料4 600 $m^3$,编织袋1.2万条。整体外帮内导措施完成后,险情逐步得到控制,且大多数漏洞断流,少数漏洞出少量清水,水量均在1 L/min内,水位降至24.66 m时,内围堰全部断流。

**(四)汉江干堤东岳庙穿堤漏洞险情抢护**

1.险情概况

汉江东岳庙堤段,位于湖北省汉川县汉江干堤左岸107 +700处。1983年7月25日,正处汉江特大洪峰过境时刻,23时43分该处发生穿洞特大险情。当时东岳庙汉江水位到达33.42 m时,仅低于堤顶高1.78 m,出现了高于历史最高水位0.42 m的高水位,防汛巡堤查险人员发现背水堤内压浸台有浸漏,用脚踩时即鼓泡。尔后发展到硬币大小浑水外涌,仅4 ~5 min时间,险情扩大,由一个洞口发展到三个洞口喷水,最大直径为0.6 m,并挟带小土粒向外喷,水柱高达5 ~6 cm,堤身被冲成一条水槽向堤脚延伸,水流冲击力量把树木冲翻。在堤临水坡发现有约0.4 m直径的漩涡,距水面以下约1 m深处有一进水口,直径约0.4 m。经过

分析,判断为一进三出的漏洞。

**2. 出现原因**

出现这种险情的原因主要是东岳庙堤段为历史险工(即迎流顶冲,河泓逼近,外坡陡,堤脚冲刷严重),可以说是年年抛护,岁岁加培,但总不能脱险。主要是该堤修建于 1976 年,堤防施工管理不规范,大量冻土上堤,积雪没有清除,冻土块体没有打碎。特别是施工交接处,碾压不实,酿成堤身内部空洞。当时考虑到施工质量较差,为安全起见,于 1977 年汛前又将内压浸台升高 1 m,以增强抗洪能力。虽经受了几年的洪水考验,但当 1983 年特大洪水来临时,堤身内部的隐患便暴露出来,这是出险的主要原因。

**3. 工程抢险**

采取"前堵后导,临背并举"的原则抢护。

(1)外堵进水洞口。防汛队员全面抢堵进水口洞口。洞口距水面下约 1 m,几十个人迅速跳入水中,摸清情况,用当地群众拿来的棉絮堵洞口。共用了 9 床棉絮,才基本堵住了洞口。接着又用棉絮铺在洞口上,才控制了水流和险情的发展。

(2)巩固外封,加设导滤堆。抢险临时的处理,只是初步控制了险情的发展。为消除险情,确保度汛安全,指挥部在现场又制订了彻底脱险的抢护方案,拟定外封、内围加设导滤堆。

在汉川县防汛指挥部的组织下,解放军指战员和 2 000 多名当地干部群众组成了抢险大军,按照抢护方案,连续作战,完成了外帮长 30 m、宽 5 m、高 1.4 m 的草袋外围,内填土方 300 多 m³。背水面压浸台上筑起长 63.7 m、高 1.7 m、宽 4 m 的围堰,内填四级配导滤砂石料(粗砂、米石、混合分石、小块石各约 30 cm),并设有导滤管,使险情得到控制。

(3)抽槽翻筑。为了确保抗洪救灾的彻底胜利,灾后对该处险情又采取了一系列的加固措施。

①抽槽翻筑。打开洞口,取出塞进的棉絮,将堤外切除 2 m,宽 2.5 m,挖深 6 m,抽槽到堤身全断面的 1/2,层土层夯回填夯实,同时恢复外封。

②再度加固。为消灭潜在的隐患,1984 年冬修时,又对东岳庙险段制订了较完善的整治施工方案。首先将漏洞处全部挖开,进行了彻底翻

筑,逐层进行夯实回填。同时为降低堤身坡陡,从 106 + 800 ~ 108 + 000 全长 1 200 m 的东岳庙地段全面加做二级压浸台,面宽 10 m,使该处堤身由 8 ~ 9 m 陡高变为 5 m 左右,加强了堤身断面,改善了堤身质量。在 1984 年 9 月 30 日 23 时,当地水位达 34. 16 m,比 1983 年出险的水位 33. 42 m(最高水位 33. 69 m)还高 0. 74 m,东岳庙险段安然无恙。

# 第六节　风浪抢险

## 一、险情说明

汛期来水后河道水面变得较为开阔,防止风浪对堤防的袭击,有时甚至成了抗洪胜利的关键问题。风浪对堤防的威胁,不仅因波浪连续冲击,使浸水时间较久的临水堤坡形成陡坎和浪窝,甚至产生坍塌和滑坡险情,也会因波浪壅高水位引起堤顶漫水,造成漫决险情。

## 二、原因分析

风浪造成险情的主要原因是:

(1)堤身抗冲能力差。主要是堤身存在质量问题,如堤身土质沙性大,不符合要求。堤身碾压不密实,达不到要求等。

(2)风大浪高。堤前水深大,水面宽,风速大,形成浪高,冲击力强。

(3)风浪爬高大。由于风浪爬高,增加水面以上临水坡的饱和范围,减弱土壤的抗剪强度,造成坍塌破坏。

(4)堤顶高程不足。如果堤顶高程低于浪峰,波浪就会越顶冲刷,可能造成漫决险情。

## 三、抢护原则

风浪抢护的原则:①削减风浪的冲击力,利用漂浮物防浪,可削减波浪的高度和冲击力,是一种行之有效的方法;②增强临水坡的抗冲能力,主要是利用防汛料物,经过加工铺压,保护临水坡,增强抗冲能力。

### 四、抢护方法

#### (一)挂柳防浪

受水流冲击或风浪拍击,堤坡或堤脚开始被淘刷时,可用此法缓和溜势,减缓溜势,促淤防坍塌。具体做法是:

(1)选柳。选择枝叶繁茂的大柳树,于树干的中部截断,一般要求干枝长 1.0 m 以上,直径 0.1 m 左右。如柳树头较小,可将数棵捆在一起使用。

(2)签桩。在堤顶上预先打好木桩,桩径一般为 0.1~0.15 m,长度 1.5~2.0 m,可以打成单桩、双桩或梅花桩等,桩距一般 2.0~3.0 m。

(3)挂柳。用 8 号铅丝或绳缆将柳树头的根部系在堤顶打好的木桩上,然后将树梢向下,并用铅丝或麻绳将石或沙袋捆扎在树梢叉上,其数量以使树梢沉贴水下边坡不漂浮为止,推柳入水,顺坡挂于水中。如堤坡已发生坍塌,应从坍塌部位的下游开始,顺序压茬,逐棵挂向上游,棵间距离和悬挂深度应根据坍塌情况确定。如果水深,横向流急,已挂柳还不能全面起到掩护作用,可在已抛柳树头之间再错茬签挂,使能达到防止风浪和横向水流冲刷为止。

(4)坠压。柳枝沉水轻浮,若联系或坠压不牢,不但容易走失还不能紧贴堤坡,将影响掩护的效果。为此,在坠压数量上应使其紧贴堤坡不漂浮为度。

#### (二)挂枕防浪

挂枕防浪一般分单枕防浪和连环枕防浪两种。具体做法是:

(1)单枕防浪。用柳枝、秸料或芦苇扎成直径 0.5~0.8 m 的枕,长短根据坝长而定。枕的中心卷入两根 5~7 m 的竹缆或 3~4 m 麻绳作龙筋,枕的纵向每隔 0.6~1.0 m 用 10~14 号铅丝捆扎。在堤顶距临水坡边 2.0~3.0 m 外或在背水坡上打 1.5~2.0 m 长的木桩,桩距 3.0~5.0 m,再用麻绳把枕拴牢于桩上,绳缆长度以能适应枕随水面涨落而移动,绳缆亦随之收紧或松开为度,使枕能够防御各种水位的风浪。

(2)连环枕防浪。当风力较大,风浪较高,一枕不足以防浪冲击时,可以挂用两个或多个枕,用绳缆或木杆、竹竿将多个枕联系在一起,形成连环枕,也叫枕排,临水最前面枕的直径要大一些,容重要轻些,使其浮得

最高,抨击风浪。枕的直径要依次减小,容重增加,以消余浪。

### (三)木排防浪

将直径 5 ~ 15 cm 的圆木捆扎成排,将木排重叠 3 ~ 4 层,总厚 30 ~ 50 cm,宽 1.5 ~ 2.5 m,长 3.0 ~ 5.0 m,连续锚离堤坡水边线外一定距离,可有效防止风浪袭击堤防。根据经验,同样波长,木排越长消浪效果越好。同时,木排的厚度为水深的 1/10 ~ 1/12 时最佳。木排圆木排列方向,应与波浪传播方向垂直。圆木间距应等于其直径的一半。木排与堤防岸坡的距离,以相当于波长的 2 ~ 3 倍时作用最大。木排锚链长度约等于水深时,木排最稳定,但此时锚链所受拉力最大,锚易被拔起,所以木排锚链长度一般应比水深大些。

### (四)柳箔防浪

在风浪较大,堤坡土质较差的堤段,把柳、稻草或其他秸料捆扎并编织成排,固定在堤坡上,以防止风浪冲刷。具体做法是:用 18 号铅丝捆扎成直径约 0.1 m、长约 2.0 m 的柳把,再用麻绳或铅丝连成柳箔。在堤顶距临水堤肩 2.0 ~ 3.0 m 处,打 1.0 m 长木桩一排,间距约 3.0 m。将柳箔上端用 8 号铅丝或绳缆系在木桩上,柳箔下面则适当坠以块石或沙袋。根据堤的迎水坡受冲范围,将柳箔置放于堤坡上,柳把方向与堤轴线垂直。出入水面的高度可按水位和风浪变化情况确定,一般上下可以有点富余。柳箔的位置除靠木桩和坠石固定外,必要时在柳箔面上再压块石或沙袋,以免漂浮和滑动。在风浪袭击处,需要保护的范围较大时,可用两排柳箔上下连接起来,以加大防护面积。

### (五)土袋防浪

此法适用于土坡抗冲能力差,当地缺少秸料,风浪冲击又较严重的堤段。具体做法是:用土工编织袋、草袋或麻袋装土、砂、碎石或碎砖等,装至袋容积的 70% ~ 80% 后,用细麻绳捆住袋口,最好是用针缝住袋口,以利搭接,水上部分或水深较浅时,在土袋放置前,将堤的迎水坡适当削平,然后铺放土工织物。如无土工织物,可铺厚约 0.1 m 的软草一层,以代替反滤层,防止风浪将土淘出。根据风浪冲击的范围摆放土袋,袋口向里,袋底向外,依次排列,互相叠压袋间叠压紧密,上下错缝,以保证防浪效果。一般土袋铺放需高出浪高。

### （六）土工织物防浪

具体做法是：用土工织物展铺于堤坡迎浪面上，并用预制混凝土块或石袋压牢，也可抗御风浪袭击。土工织物的尺寸应视堤坡受风浪冲击的范围定，其宽度一般不小于4.0 m，较高的堤防可达8.0～9.0 m，宽度不足时，需预先黏结或焊接牢固。长度不足时可搭接，搭接长度不少于10 cm，铺放前应将堤坡杂草清除干净，织物上沿应高出水面1.5～2.0 m。也可将土工织物做成软体排顺堤坡滚抛。

### （七）散厢防浪

具体做法是：在临湖堤肩每隔1.0 m打2.0 m桩一根，然后将秸料用麻经子（细绳）捆在木桩上，随捆随填土（采取做好一段再做一段的办法，不要一层做起，防止风冲秸料），一直做到出水5 cm为止。

## 五、注意事项

（1）抢护风浪险情需要在堤顶打桩时，桩距要大，尽量不破坏大堤的土体结构。

（2）抢护风浪险情应推广使用土工膜和土工织物，因其具有抢护速度快、效果好的优点，使用时一定要压牢。

（3）放风浪用料物较多，大水时在容易受风浪淘刷的堤段要备足料物。要坚持"以防为主、防重于抢"的原则，平时加强草皮、防浪林等生物养护。

## 六、抢险实例

### （一）黄河东平湖围堤风浪险情抢险

1. 险情概况

东平湖位于山东省梁山县、东平县黄河与汶河下游冲积平原相接的条形洼地上，湖区原有运河两岸小堤即运东、运西堤（旧临黄堤），为第一道防线工程。1949年大水后，为缩小灾害范围，湖区外围新修了第二道防线工程，即金线岭和新临黄堤。

1954年8月5日，花园口站发生15 000 m³/s洪水，8月6日黄河水开始倒灌入湖，8月11日黄河孙口站出现8 640 m³/s的洪峰，8月13日汶河来水，洪峰流量为3 670 m³/s，东平湖水位已涨到42.97 m，高于

1949年最高洪水位0.72 m,第一滞洪区部分堤段仅出水0.2 m。为舍小救大,确保黄河下游防洪安全,开放东平湖第二滞洪区蓄洪。新旧临黄堤、运东堤大部堤段发生了风浪淘刷堤身的险情,其长度达15.645 km。运东堤被风浪淘刷相当严重,临蓄洪区的堤坡全部冲垮,堤顶平均冲坍2/3左右,土方10余万 m³。另外,新临黄堤段也出现了风浪淘刷情况,其堤身也受到了一部分损失。

2. 出险原因

造成东平湖围堤出现风浪冲刷的原因有以下两个方面:

(1)第二蓄洪区东平湖部分的面积94 km²,水面宽广,平均水深在2 m以上,最深者达3 m多。由于水面宽阔,受风面积大,加之第一、第二防线自然形成了环形封闭圈,而临堤村庄稀少,林木不多,无迎挡风浪的林木,风浪直冲堤身。

(2)堤线环绕自然形成东北西南方向和东西方向,很少部分是正南、正北方向。因此,无论什么样的风向都会使风浪直接或间接冲刷堤身,而且大堤受风吹淘刷的时间长,加之堤防施工质量差,日常管理维修差,抗风强度不够,极易造成堤防出大险。

3. 险情抢护原则及方法

对付风浪险情的良策是削浪护坡,即削弱风浪对堤防的破坏力,同时对土坡加以保护。当时的山东省政府及中共山东分局根据险情以及湖水特性,研究采取散厢护坡和挂枕防浪两种措施进行抢护,见图4-51。

4. 工程抢险

1)散厢护坡法

散厢护坡法适用于堤脚已被风浪冲垮,且险情继续发展的情况。具体做法是:在临湖堤肩每隔1.0 m打2.0 m桩一根,然后将秸料用麻经子(细绳)捆在木桩上,随捆随填土,一直做到出水5 cm为止。散厢护坡可以防止随机风波转为固定的水位风波,效果很好。

2)秸枕防浪法

秸枕防浪法简单易行,适用于风浪开始阶段且土料尚未走失的情况下,其作用是随着水位变化可以升降,能使风浪缓和、靠堤无力,在湖上或无溜堤坝均可使用。具体做法是:首先捆好直径50 cm、长6.0 m的纯秸料枕(腰绳以12号铅丝为最好,间距80 cm),然后在临河堤肩每6 m打

图 4-51　东平湖围堤抢险示意图(1954 年)

下 1 m 签桩和一根拉桩,再用拉绳拴住枕两端的第一道腰绳(拉绳长度
视堤距水面远近而定),挂在签桩上,然后再将签桩靠近枕的里边打下
去,在拴拉绳时,不要太紧,能上下活动为宜,以防水位少许升降时仍能漂
浮削浪。秸枕防浪首先在新临黄堤风险初出现阶段应用,因枕直径细,压
力小,效果不太理想,以后采取直径 50 cm、长 6.0 m 的纯秸料枕,作用比
第一次有效,于是决定全线推广。由于对湖水特性认识不足,存有秸料质
量好、不要紧等麻痹思想,在运东堤抢护第一步即采用了此法,但因该段
堤防已被风冲刷得很严重,结果所做的 900 余 m 浮枕全部被风浪冲垮,
后改用散厢护坡法,才防止了风浪冲刷。

### (二)武汉市长江堤防风浪抢护

1954 年长江发生大洪水,武汉市长江堤防面临风浪的严重威胁。据当时估算,如遇 7 级大风,浪高可达 1.0 m。为防御风浪袭击,在武汉市沿江临时铺设 62.4 km 的防浪木排。具体做法如下:

(1)排的结构:使用中径 10～18 cm 较直的杉圆条木来扎排,上下共 3 层,排厚约 50 cm,每小排宽 2 m,两小排合并成一大排,中间留 1 m 空隙,加上 4 道梁连接,即成防浪排。3 块排中间,用 2 道磨盘缆连成联排。

(2)排的定位:若水流不急,一般每个联排抛锚 4～5 只,排头尾抛八字锚,中间外帮抛腰锚 1 只,缆绳长度为 5 倍水深,木排距堤岸 40～50 m,随时根据情况变更距离,以防内锚抓坏堤坡。

(3)防浪效果:据实地观测,木排定位于距岸 2～3 倍波长(20～30 m),防浪效果最好,排内波浪高仅为排外的 1/3～1/4。4～7 级风浪时,木排防浪效果最好,可以降低浪高 60%,当风浪超过 7 级时,在同一吹程和水深条件下防浪效果要降低。

# 第七节　裂缝抢险

## 一、险情说明

堤坝裂缝是最常见的险情,有时也可能是其他险情的预兆。比如裂缝能发展成渗透变形、滑坡险情,甚至发展为漏洞,应引起高度重视。裂缝按其出现的部位可分为表面裂缝和内部裂缝;按其走向可分为横向裂缝、纵向裂缝和龟纹裂缝;按其成因可分为不均匀沉陷裂缝、滑坡裂缝、干缩裂缝、冰冻裂缝和震动裂缝。其中,以横向裂缝和滑坡裂缝危害最大,应及早抢护,以免造成更严重的险情。

## 二、原因分析

产生裂缝险情的主要原因有:

(1)堤的地基地质情况不同,物理力学性质差异较大,地基地形变化,土壤承载能力不同,均可引起不均匀沉陷裂缝。

(2)堤身与刚性建筑物接触不良,由于渗水等原因造成不均匀沉陷,

引起裂缝。

（3）在堤坝施工时，采取分段施工，工段之间进度差异大，接头处没处理好，容易造成不均匀沉陷裂缝。

（4）背水坡在高水位渗流作用下，堤体湿陷不均，抗剪强度降低，临水坡水位骤降均有可能引起滑坡性裂缝，特别是背水坡脚基础存在软弱夹层时，更易发生。

（5）施工时堤体土料含水量大，控制不严，容易引起干缩或冰冻裂缝。

（6）施工时有冻土、淤泥土或硬土块造成碾压不实，或者新旧结合部未处理好，在渗流作用下容易引起各种裂缝。

（7）堤体本身存在隐患，如洞穴等，在渗流作用下也能引起局部裂缝。

（8）地震等自然灾害引起的裂缝。

总之，引起堤坝裂缝的原因很多，有时也不是单一的原因，要加以分析断定，针对不同的原因，采取相应有效的抢护措施。

### 三、险情判别

堤防发生裂缝现象普遍，需要鉴别的是险情裂缝与非险情裂缝。险情裂缝又分为纵向裂缝与横向裂缝、滑动裂缝与非滑动裂缝等。

裂缝险情是堤防发生局部断裂破坏的现象。这里"断裂破坏"包括裂缝较深较长并有一定规律等内涵。由此可以判断位于堤表、缝深较浅，或由于干旱、冰冻发生的龟纹裂缝等，就不属于裂缝险情。

纵缝是顺堤裂缝，横缝是垂直堤防走向的裂缝，二者不难区别。问题在于二者之间还有斜向裂缝的归属问题。斜缝如发生在堤坡上，长度不大，深度较浅，与堤的走向夹角较小，可视为纵缝，反之应视为横缝。斜缝如贯穿堤顶，无论与堤的走向夹角大小，均应视为横缝。

纵向裂缝若由土体滑动引起，称滑动性裂缝；若由基础沉陷等原因引起，称非滑动性裂缝。两者鉴别十分重要，但也比较困难。基本方法是通过裂缝观测资料分析判断。在无资料时可按滑动裂缝特点判断。滑动裂缝的特点主要是：一是多发生在堤坡上，堤顶较少；二是缝长较短，两端成弧形；三是缝两边土体高差较大；四是次缝多集中在主缝外侧偏低土体

上。滑动性裂缝危险较大,应予以足够重视。

## 四、抢护原则

裂缝险情抢护应遵循"判明原因,先急后缓,截断封堵"的原则。根据险情判别,如果是滑动或坍塌崩岸性裂缝,应先抢护滑坡、崩岸险情,待险情稳定后,再处理裂缝。对于最危险的横向裂缝,如已贯穿堤身,水流易于穿过,使裂缝冲刷扩大,甚至形成决口,因此必须迅速抢护;如裂缝部分横穿堤身,也会因渗径缩短、浸润线抬高,导致渗水加重,引起堤身破坏。因此,对于横向裂缝,不论是否贯穿堤身,均应迅速处理。纵向裂缝,如较宽较深,也应及时处理;如裂缝较窄较浅或呈龟纹状,一般可暂不处理,但应注意观测其变化,堵塞裂缝,以免雨水进入,待洪水过后处理。对较宽较深的裂缝,可采用灌浆或汛后用水洇实等方法处理。作为汛期裂缝抢险必须密切注意天气和雨水情变化,备足抢险料物,抓住无雨天气,突击完成。

## 五、抢护方法

裂缝险情的抢护方法,可概括为开挖回填、横墙隔断、封堵缝口等。

### (一)开挖回填

采用开挖回填方法抢护裂缝险情比较彻底,适用于没有滑坡可能性,并经检查观测已经稳定的纵向裂缝。在开挖前,用经过滤的石灰水灌入裂缝内,便于了解裂缝的走向和深度,以指导开挖。在开挖时,一般采用梯形断面,深度挖至裂缝以下 0.3 ~ 0.5 m,底宽至少 0.5 m,边坡要满足稳定及新旧填土结合的要求,并便于施工。开挖沟槽长度应超过裂缝端部 2 m。开挖的土料不应堆放在坑边,以免影响边坡稳定。不同土料应分别堆放,在开挖后,应保护坑口,避免日晒、雨淋。回填土料应与原土料相同,并控制在适宜的含水量内。填筑前,应检查坑槽底和边壁原土体表层土壤含水量,如偏干,则应在表面洒水湿润。如表面过湿,应清除,然后再回填。回填要分层夯实,每层厚度约 20 cm,顶部应高出堤顶面 3 ~ 5 cm,并做成拱形,以防雨水灌入。

### (二)横墙隔断

横墙隔断适用于横向裂缝抢护,具体做法如下:

（1）横墙隔断：①裂缝已经与临水相通的，在裂缝临水坡先做前戗；裂缝背水坡有漏水的，在背水坡做好反滤导渗；裂缝与临水尚未连通并趋稳定的，从背水面开始，分段开挖回填。②除沿裂缝开挖沟槽，还宜增挖与裂缝垂直的横槽（回填后相当于横墙），横槽间距 3.0～5.0 m，墙体底边长度为 2.5～3.0 m，墙体厚度以便利施工为宜，但不宜小于 0.5 m。③坑槽开挖时宜采取坑口保护措施，回填土分层夯实，夯实土料的干密度不小于堤身土料的干密度，确保坑槽边角处夯实质量和新老土结合。④当漏水严重，险情紧急或者河水猛涨来不及全面开挖时，可先沿裂缝每隔 3.0～5.0 m 挖竖井截堵，待险情缓和后再进行处理。

（2）土工膜盖堵。对洪水期堤防发生的横向裂缝，如深度大，又贯穿大堤断面，可采用此法。应用土工膜或复合土工膜，在临水堤坡全面铺设，并在其上用土帮坡或铺压土袋、沙袋等，使水与堤隔离，起截渗作用。同时在背水坡采用土工织物进行滤层导渗，保持堤身土粒稳定。必要时再抓紧时间采用横墙隔断法处理。

### （三）封堵缝口

对宽度小于 3.0～4.0 cm、深度小于 1.0 m、不甚严重的纵向裂缝和不规则纵横交错的龟纹裂缝，经检查已经稳定时，可采用此法。具体做法是：①用干而细的沙壤土由缝口灌入，再用板条或竹片捣实；②灌塞后，沿裂缝筑宽 5.0～10 cm、高 3.0～5.0 cm 的拱形土埂，压住缝口，以防雨水浸入；③灌完后，如又有裂缝出现，证明裂缝仍在发展，应仔细判明原因，根据情况，另选适宜方法处理。

对缝宽较大、深度较小的裂缝，可采用自流灌浆法处理，即在缝顶开宽、深各为 0.2 m 的沟槽，先用清水灌下，再灌水土质量比为 1∶0.15 的稀泥浆，然后灌水土质量比为 1∶0.25 的稠泥浆。泥浆土料为两合土，灌满后封堵沟槽。

如缝深大，开挖困难，可采用压力灌浆法处理。灌浆时可将缝门逐段封死，将灌浆管直接插入缝内，也可将缝口全部封死，反复灌实。灌浆压力一般控制在 0.12 MPa 左右，避免跑浆。压力灌浆方法对已稳定的纵缝都适用。但不能用于滑坡性裂缝，以免加速裂缝发展。

## 六、注意事项

（1）对未堵或已堵的裂缝，均应注意观察、分析，研究其发展情况，以便及时采取必要措施。

（2）采取横墙隔断措施时是否需要做前戗、滤层导渗，或者只做前戗或滤层导渗而不做隔断墙，应当根据实际情况决定。

（3）当发现裂缝后，应尽快用土工膜、雨布等加以覆盖保护，不让雨水流入缝中，并加强观测。

（4）对伴随有滑坡和塌陷险情出现的裂缝时，应先抢护滑坡和塌陷险情，待脱险并趋于稳定后再抢护裂缝。

（5）在采用开挖回填、横墙隔断等方法抢护裂缝险情时，必须密切注意上游水情和雨情的预报，并备足料物，抓住晴天，保证质量，突击完成。

## 七、抢险实例

### （一）沁河杨庄改道工程新右堤裂缝

1. 险情概况

沁河新右堤是沁河杨庄改道工程的组成部分，于 1981 年春动工，当年汛前完成筑堤任务。1982 年虽经受了沁河超标准洪水的考验，工程安全度汛，但自洪水期开始，由于堤身黏性土含量较大，随着土体固结产生了大量裂缝。根据堤身裂缝情况，1985～1992 年，连续进行了 8 年的压力灌浆，累计灌入土方 5 422 m³，单孔灌入土方由 0.2 m³ 下降到 0.05 m³，但 1992 年又回升到 0.08 m³。经 1993 年开挖检查，堤身内仍发现有大量裂缝。

2. 出险原因

产生裂缝的主要原因是：

（1）干缩裂缝。此段堤防土质黏粒含量较大，施工时土壤含水量较高，因此 1982 年沁河洪水时未出现堤防渗水。堤身土质自然失水，产生干缩裂缝。

（2）不均匀沉陷裂缝。堤防原地基高低起伏较大，填土高度不一致，又由于施工工段多、进度不平衡、碾压不均匀等原因，导致堤身土体不均匀沉陷，产生裂缝。

3.工程抢险

抢护原则:依据产生裂缝的原因决定对裂缝进行截断封堵,恢复堤防的完整性。

经分析论证和方案比较,决定对 0+000~1+600 堤段进行复合土工膜截渗加固处理。选用两布一膜复合土工膜,先将原堤坡修整为 1:3,再铺设土工膜,最后加盖垂直厚度 1.0 m 的沙壤土保护层,保护层内外坡均为 1:3。另外,为增强堤坡的稳定性,在原堤坡分设两道防滑槽,加以稳定。工程竣工后,经受了洪水考验,防渗效果良好。

**(二)洞庭湖资水民主垸邹家窨堤段裂缝抢险**

1.险情概况

1998 年 8 月 20~23 日,洞庭湖第六次洪峰经过湖南省益阳市资阳区茈湖口镇,洪峰水位 36.44 m。茈湖口镇邹家窨堤段堤顶高程 37.5~37.8 m,面宽 10 m,背水坡比 1:2.0~1:2.2;内无平台,无防汛路;内地面高程 29.5~31.5 m,分别为稻田、鱼池及民房,临水坡比自堤顶至 30.0~31.5 m 处为 1:1.5~1:2.0;其下为 2.0~2.5 m 高的陡坎,陡坎下是高程 28.00~28.50 m 的河床。在 8 月 23 日 21 时 45 分发现该堤顶沿堤轴线偏河道 1 m 左右出现一条长 200 余 m、宽 1~3 cm 的裂缝,经 3 处挖深 1~1.5 m 观察,裂缝上宽下窄,一直延伸至深层。

2.出险原因

险情发生后,经分析认为产生裂缝的原因如下:

(1)临水坡度比较陡,且下部有陡坎,堤坡失稳。

(2)该堤段溜势顶冲,在资江连续 4 次洪峰的冲击下,下部陡坎有加剧的趋势,导致堤脚进一步淘空而形成了更高的陡坎。

(3)堤基及堤身土质较差,粉沙土占 80% 左右。

(4)连续 70 d 高洪水位的浸泡,使浸润线以下的堤身有沉陷产生,而导致沉陷不均。

3.抢险方法

(1)在裂缝段迎水面筑 3 个块石撑,沿堤脚抛石固脚。

(2)削坡减载,减小堤体向外位移的压力。

(3)内筑两个土撑,土撑面下宽 40 m、上宽 15 m,土撑的上界为 10 m×15 m 的平面,低于原堤顶 1 m。修筑土撑的目的是:在大堤沿裂缝

一边垮了以后,增加另一边大堤的挡水能力,防止大堤溃决。

(4)加强观察,现场建棚并派专人守护。1 h 对裂缝进行一次宽度位移量测,一旦位移出现异常,马上组织应急处理。

4.工程抢险

(1)24 日上午至 25 日晚,由市防汛指挥部调来块石近 3 000 t,按标准筑了 3 个块石撑,并在沿线除险方案确定后,马上采取行动,抛石固脚。

(2)24 日抢险队员 300 人,将外坡肩削去近 300 m³ 的土,减轻了堤外肩土体对外坡土体的压力。

(3)发动周围 5 个村近 1 000 个劳动力突击担土筑土撑一个,另外组织 16 台自动翻斗车从 3 km 外运土完成另一个土撑,经过两天的奋战,两个土撑按时按标准完成了。26 日,裂缝长度、宽度呈静止状态。

# 第八节  坍塌抢险

## 一、险情说明

坍塌是堤防、坝岸临水面土体崩落的重要险情,堤岸坍塌主要有以下两种类型:

(1)崩塌。由于水流将堤岸坡脚淘刷冲深,岸坡上层土体失稳而崩塌,其岸壁陡立,每次崩塌土体多呈条形,其长度、宽度、体积比弧形坍塌小,简称条崩。当崩塌在平面上和横断面上均为弧形阶梯式土体崩塌时,其长度、宽度、体积远大于条崩,简称窝崩。

(2)滑脱。是堤岸一部分土体向水内滑动的现象。

这两种险情,以崩塌比较严重,具有发生突然、发展迅速、后果严重的特点。造成堤岸崩塌的原因是多方面的,故抢护的方法也比较多。

## 二、原因分析

发生坍塌的主要原因:

(1)有环流强度和水流挟沙能力较大的洪水。

(2)坍塌部位靠近主流,直接冲刷。

(3)堤岸抗冲能力弱。因水流淘刷冲深堤岸坡脚,在河流的弯道,主

流逼近凹岸,深泓紧逼堤防。在水流侵袭、冲刷和弯道环流的作用下,堤外滩地或堤防基础逐渐被淘刷,使岸坡变陡,上层土体内部的摩擦力和黏结力抵抗不住土体的自重和其他外力,使土体失去平衡而坍塌,危及堤防。

（4）横河、斜河的水流直冲堤防、岸坡,加之溜靠堤脚,且水位时涨时落,溜势上提下挫,在土质不佳时,容易引起堤防坍塌险情。

（5）水位陡涨骤降,变幅大,堤坡、坝岸失去稳定性。在高水位时,堤岸浸泡饱和,土体含水量增大,抗剪强度降低;当水位骤降时,土体失去了水的顶托力,高水位时渗入土内的水,又反向河内渗出,促使堤岸滑脱坍塌。

（6）堤岸土体长期经受风雨的剥蚀、冻融,黏性土壤干缩或筑堤时碾压质量不好,堤身内有隐患等,常使堤岸发生裂缝,破坏了土体整体性,加上雨水渗入,水流冲刷和风浪振荡的作用,促使堤岸发生坍塌。

（7）堤基为粉细沙土,不耐冲刷,常受溜势顶冲而被淘刷,或因震动使沙土地基液化,也将造成堤身坍塌。坍塌险情如不及时抢护,将会造成溃堤灾害。

### 三、抢护原则

抢护坍塌险情要遵循"护基固脚、缓流挑流;恢复断面,防护抗冲"的原则。以固基、护脚、防冲为主,增强堤岸的抗冲能力,同时尽快恢复坍塌断面,维持尚未坍塌堤岸的稳定性,必要时修做坝垛工程挑流外移,制止险情继续扩大。在实地抢护时,应因地制宜,就地取材,抢小抢早。

### 四、抢护方法

探测堤防、堤岸防护工程前沿或基础被冲深度,是判断险情轻重和决定抢护方法的首要工作。一般可用探水杆、铅鱼从测船上测量堤防、堤岸防护工程前沿水深,并判断河底土石情况。通过多点测量,即可绘出堤防、堤岸防护工程前沿的水下断面图,以大体判断堤防、堤岸防护工程基础被冲刷的情况及抛石等固基措施的防护效果。与全球定位仪（GPS）配套的超声波双频测深仪法是测量堤防、堤岸防护工程前沿水深和绘制水下断面地形图的先进方法。在条件许可的情况下,可优先选用。因为这

一方法可十分迅速地判断水下冲刷深度和范围,以赢得抢险时间。

### (一)护脚固基防冲

当堤防受水流冲刷,堤脚或堤坡冲成陡坎时,针对堤岸前水流冲淘情况,可采用护脚固基防冲的方法,尽快护脚固基,抑制急溜继续淘刷。根据流速大小可采用土(沙)袋、块石、柳石枕、铅丝笼、长土枕及土工编织软体排等防冲物体,加以防护,如图 4-52 ~ 图 4-55 所示。因该法具有施工简单灵活、易备料、能适应河床变形的特点,因此使用最为广泛。具体做法如下:

(1)探摸。先摸清坍塌部分的长度、宽度和深度,以便估算所需劳力和料物。

(2)制作。①柳石枕一般直径为 1.0 m,长 10 m(也可根据需要而定),外围柳料厚 0.2 m,以柳(或苇)捆扎成小把,也可直接包裹柳料,石心直径约 0.6 m,再用铅丝或麻绳捆扎成枕。溜急处应拴系龙筋绳和底钩绳,以增强抗冲力。操作程序是:打顶桩,放垫桩、腰绳,铺柳排石,置龙筋绳,铺顶柳,然后进行捆抛。柳排石的体积比一般掌握在 1:2 ~ 1:2.5。铺放柳枝应在垫桩中部,底宽 1.0 m 左右,压宽厚为 15 ~ 20 cm,分两层铺平放匀,并应先从上游开始,根部朝上游,要一铺压一铺,上下铺相互搭接在 1/2 以上。排石要中间宽,上下窄,枕的两端各留 40 ~ 50 cm 不放石,以便捆扎枕头。排石至半高要加铺细柳一层,以利放置龙筋绳。捆枕方法现多采用绞杠法。②铅丝石笼制作,已由过去人工操作逐步推广使用了铅丝笼网片自动编织机,工效提高 10 倍左右。铅丝石笼装好后,使用抛笼架抛投。③长管袋(长土枕)采用反滤土工织物制作,管袋进行抽沙充填,直径一般为 1 m,长度据出险情况而定。在长土枕下面铺设褥垫沉排布并连接为整体,保护布下的床沙不被水流带走,填补凹坑或加强单薄堤身。

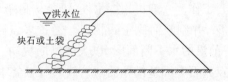

图 4-52　抛块石、土袋防冲示意图

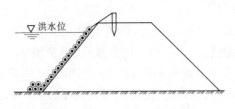

图 4-53　抛柳石枕防冲示意图

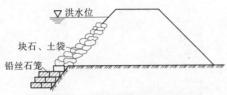

图 4-54　抛铅丝石笼防冲示意图

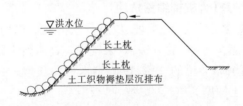

图 4-55　长土枕护坡护底抢护示意图

（3）抛护。在堤顶或船上沿坍塌部位抛投块石、土（沙）袋、柳石枕或铅丝笼。先从顶冲坍塌严重部位抛护，然后依次上下进行，抛至稳定坡度为止。水下抛填的坡度一般应缓于原堤坡。抛投的关键是实测或探摸险点位置准确，避免抛投体成堆压垮坡脚。水深溜急之处，可抛铅丝石笼、土工布袋装石等。

**（二）沉柳缓溜防冲**

沉柳缓溜防冲法适用于堤防临水坡被淘刷范围较大的险情，对减缓近岸流速、抗御水流比较有效，如图 4-56 所示。对含沙量大的河流，效果更为显著。具体做法如下：

（1）先摸清堤坡被淘刷的下沿位置、水深和范围，以确定沉柳的底部位置和数量。

（2）采用枝多叶茂的柳树头，用麻绳或铅丝将大块石或土（沙）袋捆

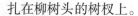
扎在柳树头的树杈上。

（3）用船抛投。待船定位后，将树头推入水中。从下游向上游，由低处到高处，依次抛投，务必使树头依次排列，紧密相连。

（4）如一排沉柳不能掩护淘刷范围，可增加沉柳排数，并使后一排的树梢重叠于前一排树杈之上，以防沉柳之间土体被淘刷。

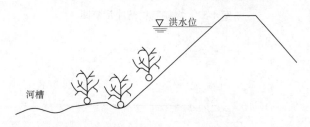

**图 4-56　沉柳护脚示意图**

**（三）桩柴护岸（含桩柳编篱抗冲）**

在水流不太深的情况下，堤坡、堤脚受水流淘刷而坍塌时，可采用桩柴护岸（含桩柳编篱抗冲）的方法，效果较好。具体做法如下：

（1）先摸清坍塌部位的水深，以确定木桩的长度。一般桩长应为水深的 2 倍，桩入土深度为桩长的 1/3 ~ 1/2。

（2）在坍塌处的下沿打桩一排，桩距 1.0 m，桩顶略高于坍塌部分的最高点。如一排不够高可在第一级护岸基础上，再加为二级或三级护岸。

（3）木桩后从下到顶单个排列密叠直径约 0.1 m 的柳把（或秸把、苇把、散柳）一层。用 14 号铅丝或细麻绳捆扎成柳把，并与木桩拴牢，其后用散柳、散秸或其他软料铺填厚 0.2 m 左右，软料背后再用黏土填实。

（4）在坍塌部位的上部与前排桩交错另打长 0.5 ~ 0.6 m 的签桩一排，桩距仍为 1.0 m，略露桩顶。用麻绳或 14 号铅丝将前排桩拉紧，固定在签桩上，以免前排桩受压后倾斜。最后用 0.2 ~ 0.3 m 厚黏性土封顶。

此外，如遇串沟夺溜，顺堤行洪，水流较浅，还可横截水流，采取桩柳编篱防冲法，以达缓溜落淤防冲的目的。具体做法是：横截水流，打桩一排，桩距 1.0 m，桩长以能拦截水流为准，桩顶略高于水面。然后用已捆好的柳把在桩上编成透水篱笆，一道不行可打几道。如所打柳木桩成活，还可形成活柳桩篱，长时期起缓溜落淤作用。

**（四）柳石软搂**

在险情紧迫时,为抢时间常采用柳石软搂的方法,尤其在堤根行溜甚急,单纯抛乱石、土袋又难以稳定,抛铅丝石笼条件不具备时,采用此法较适宜,如图 4-57 所示。如溜势过大,在软搂完成后于根部抛柳石枕围护。具体做法如下:

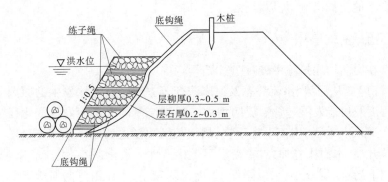

**图 4-57　柳石软搂示意图**

（1）打顶桩。在堤顶距临水堤肩 2～3 m 以外,根据软搂底钩绳数的需要打单排或双排顶桩(桩长 1.5～1.7 m,入土 1.2～1.3 m,梢径 12～14 cm,顶径 14～16 cm)。桩距一般 0.8～1.0 m,排距 0.3～0.5 m,前后排向下游错开 0.15 m,以免破坏堤顶。

（2）拴底钩绳。在前排顶桩上拴底钩绳,绳的另一端活扣于船的龙骨上。当无船时可先捆一个浮枕推入水中,在枕上插上杆,将另一端活扣架在木杆上。此项绳缆应根据水流深浅、溜势缓急,选用三股麻绳(六丈、七丈、八丈或十丈绳,直径分别为 3～4 cm,4～5 cm,5～6 cm)。

（3）填料。在准备搂回的底钩绳和堤坡已放置的底钩绳之间,抛填层柳层石或层柳层淤、层柳层土袋(麻袋、草袋、编织袋),一般每层铺柳枝厚 0.3～0.5 m,石淤或土袋厚 0.2～0.3 m,逐层下沉,追压到底,以出水面为度。每次加压柳石,均应适当后退,做成 1:0.3～1:0.5 的外坡,并要利用搂回的底钩绳加拴拴扎柳石层的直径 2.5～3 cm 的麻绳(核桃绳,又称捆扎柳石层用的练子绳)或 12 号铅丝一股,系在靠堤坡的底钩绳上,以免散柳被水冲失。最后,将搂回的底钩绳全部拴拉固定在顶桩上(双排时拴在第二排顶桩上)。

（4）沉柳。若水流冲刷严重，亦可在柳石软搂外再加抛沉柳，以缓和溜势。

（5）柳石混杂（俗称风搅雪）。在险情过于紧迫时，个别情况下来不及实施与软搂有关的打顶桩和拴底钩绳、练子绳等措施，单纯采取层柳层石，甚至采取柳石混杂抢护的措施时，要严密注意观察溜势，必要时及时配合其他防护措施，加以补救。

## 五、注意事项

在堤防坍塌抢险中，应注意以下事项：

（1）要从河势、水流势态及河床演变等方面分析坍塌发生的原因、严重程度及可能发展趋势。堤防坍塌一般随流量的大小而发生变化，特别是弯道顶点上下，主流上提下挫，坍塌位置也随之移动。汛期流量增大，水位升高，水面比降加大，主流沿河道中心曲率逐渐减小，主流靠岸位置移向下游；流量减小，水位降低，水面比降较小，主流沿弯曲河槽下泄，曲率逐渐加大，主流靠岸位置移向上游。凡属主流靠岸的部位，都可能发生堤岸坍塌，所以原来未发生坍塌的堤段，也可能出现坍塌。因此，在对原出险处进行抢护的同时，也应加强对未发生坍塌堤段的巡查，发现险情，及时采取合理抢护措施。

（2）在涨水的同时，不可忽视落水出险的可能。在大洪水、洪峰过后的落水期，特别是水位骤降时，堤岸失去高水时的平衡，有些堤段也很容易出现坍塌，切勿忽视。

（3）在涨水期，应特别注意迎溜顶冲造成坍塌的险情，稍一疏忽，会有溃堤之患。

（4）坍塌的前兆是裂缝，因此要细致检查堤、坝岸顶部和边坡裂缝的发生和发展情况，要根据裂缝分布、部位、形状以及土壤条件，分析是否会发生坍塌，可能发生哪种类型的坍塌。

（5）对于发生裂缝的堤段，特别是产生弧形裂缝的堤段，切不可堆放抢险料物或其他荷载。对裂缝要加强观测和保护，防止雨水灌入。

（6）圆弧形滑塌最为危险，应采取护岸、削坡减载、护坡固脚等措施抢护，尽量避免在堤、坝岸上打桩，因为打桩对堤、坝岸震动很大，做得不好，会加剧险情。

### 六、抢险实例

#### (一)淮河史灌河堤防崩塌抢险

**1.险情概况**

史灌河位于河南省固始县,是淮河南岸的最大支流,也是淮河洪水主要来源之一。左、右岸堤防均筑在以细砂为主的地基上,沙土填筑,稳定性差,渗水严重。左岸 17 km 以上,右岸 34.5 km 以上已筑有堤防,按十年一遇防洪标准,顶宽 5 m,一般堤高 5~6 m,内外边坡 1:3。史灌河上游处于暴雨中心地带,山洪暴发势猛流急,常出现河岸崩塌及散浸、管涌、流土等重大险情。

1991 年汛期,从 6 月 29 日至 7 月 10 日,流域内连降暴雨、大暴雨,蒋集水文站最大流量达 3 600 $m^3/s$,超过十年一遇流量(3 580 $m^3/s$);相应水位达到 33.26 m,超过十年一遇水位(33.24 m)。在持续高水位下,防汛形势非常严峻。左岸里河梢、孟小桥、范台等出现重大崩塌岸(坡)险情 4 处,右岸柴营、北野、任台、秦楼、李祠堂、陈台、瓦房营、新台、李小庄、高台、埂湾上下等出现重大崩岸险情 18 处,共 8.251 km。此外,陈台、李庄户、庙门口分别出现 3 处长 200 m、150 m、400 m 的流土群;汪营、栎元、瓦坊、殷庙、学地、杨营、秦前楼、刘营、白台、腰台、孙小台、舟滩及左岸的马元、竹大庄、车台等 19 处出现散浸,共长 8.95 km。

**2.出险原因**

史灌河 1991 年汛期出现重大险情主要原因如下:

(1)史灌河为游荡型沙质河床,在强水流和河床的相互作用下,水流紊乱,沿程弯多、滩高、槽深,当岸坡陡到一定程度时,即出现岸坡崩塌。

(2)史灌河堤防的堤基多以中细砂为主,稳定性差,在高水头的作用下,会出现堤基渗水、管涌、流土等严重险情。

(3)1986 年对史灌河堤防按十年一遇防洪标准进行培修加固,施工时未能按设计标准实施,大部分堤身单薄,部分堤段填土质量仍然很差。

(4)史灌河左岸堤防 17 km,被群众占堤居住 9 km;右岸长 34.5 km,被居民挤占 29.7 km。由于居民在内外堤脚乱取沙土、乱栽树、乱设粪坑厕所,致使堤脚内外坑槽满布,严重破坏堤防内外覆盖层,缩短了渗径。

3. 工程抢险

遵循"护基固脚、缓流挑流"的原则,针对不同险情采取不同措施,及时排除险情,保护了堤防安全。在抢护岸(坡)崩塌险情中采取将土袋用麻绳编联成软体排体沉入河底的方法,以覆盖崩塌面,遏止岸坡继续崩塌,取得很好效果。如柴营险段由于水流顶冲导致堤岸崩塌,1991 年 7 月 4 日采取的抢险措施具体如下:

(1)根据水深和崩塌面的大小,备足及备好木桩、绳索和编织袋(也可边用边备),木桩长 1.5 m,小头直径 5 cm 左右,砍尖备用。捆袋主绳直径 2.5~3 cm,并保证有足够的抗拉强度,长度根据需要而定。捆袋子绳直径 0.5~1 cm,长 1.8 m,也要有足够的强度。

(2)以乡组织基本抢险队伍骨干,根据需要分若干个抢险小组,每组装袋 6 人,运袋 6 人,捆扎拴编袋 4 人,牵拉松放主绳 2 人。

(3)以堤顶作为操作平台,木桩打在操作面内侧,入土深 1.2 m 稍向内倾,一块排体长 1.4 m,以两袋对口顺连为宜,宽自塌面底到塌面顶以上 1 m 为度。

(4)捆扎拴编一块排体,主绳上下各 2 根,下主绳先平摊于操作面上,两绳距 0.7 m 左右,下端拴连土袋,上端用活扣拴在堤顶木桩上,便于松动,使排体下沉。上主绳由 2 人操作,同下主绳结合拴捆土袋,务求上下袋挤紧捆牢,不留空隙,避免流水淘刷塌面。捆编袋 2 人面对面操作,先将子绳同下主绳连接平摊,将两袋口相对挤紧,拿起捆袋子绳,同上主绳有机结合后,互递子绳相对用力,捆袋至紧,尔后踩扁。依此类推,边排边松动下主绳下放,露出水面 1 m 左右,防止洪水上涨和风浪淘刷岸(坡)顶,一块排体制成护盖后,将上下主绳合并拴在桩上。各排接头处,沉放时也力求贴靠紧密以免散头,如图 4-58 和图 4-59 所示。

柴营崩塌最严重的是一长 56 m 的险段。该险段滩面以下冲深 6 m,滩面以上水深 4 m,洪水位 34.0 m。组织劳力 300 人(包括捻绳等辅助劳力),编成 15 个组,捆编排体 40 块,用编织袋 4 200 条,装土约 130 m³,麻绳 600 余 kg,历时 6 h 完成了该险段抢护任务,保证了大堤的安全。

此种抢护的优点是所使用的抢险料物由当地群众筹集无需远运,省时省力;缺点是制作难度大,历时较长。如果当时备有土工布,用土工布制作排体抢护历时肯定要短些。

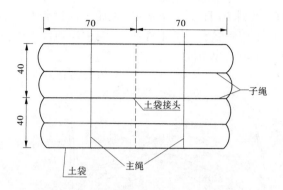

图 4-58　编织袋捆扎示意图　（单位:cm）

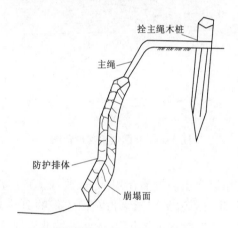

图 4-59　排体与木桩锚固示意图

## （二）黄河武陟北围堤坍塌抢险

### 1.险情概况

1）北围堤概况

黄河武陟北围堤位于河南省武陟县北岸滩区,距北岸大堤 3 km 左右,1960 年建成,长 9.69 km。

2）出险过程

1983 年 8 月 3 日花园口站发生流量为 8 370 m³/s 的洪峰之后,因上游河势变化,大溜直冲北围堤前滩地,致使北围堤幸福闸前的草滩受冲坍塌,滩失而堤险(见图 4-60)。8 月 8 日大河临堤,为使堤防安全,确定抢

修柳石垛 8 座。8 月 10 日,围堤 6 + 400 处距大河仅剩 12 m,12 日开始抢修 6 号垛,尔后工程则随着河势上提而上延,但河势并未终止北滚上提的趋势,被迫又续延柳石垛 10 个。

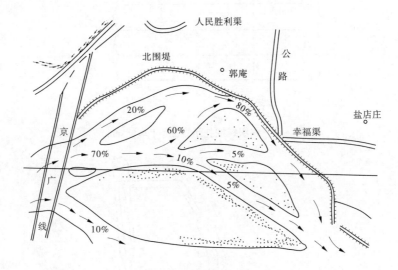

图 4-60　北围堤抢险形势图

2. 出险原因

因上游桃花峪以上山湾挑溜作用加强,改变了京广铁路桥以下河势南大北小的局面,北股河流量由原来占全河流量的 20% 增大为 80%,同时铁路桥以下河心产生嫩滩向北发展,大溜直冲北围堤前滩地,滩失而堤险。

3. 工程抢险

经查勘后,拟订"临堤下埽,以垛护堤"的抢护方案。工程平面布局均采用了后宽 20 m、垂直长 10 m、档距为 70 m 的柳石垛与两垛中间护岸连接的防护形式(见图 4-61),破溜缓冲,守点护线。在 6 + 100 ~ 6 + 600 堤段内修 1 ~ 8 号垛 8 座,先抢下边 6 号垛(幸福闸上)。6 号垛前水浅溜顺(水深 3 ~ 4 m),但滩沿坍塌较快,并已靠近堤脚。在急于抢险又无船的情况下,采用柳枕(用柳枝包裹石块,以绳或铅丝捆扎,直径约 1.0 m 的圆柱体)铺底枕上接厢的方法进行抢护(见图 4-62),即在岸边推 10 m 长柳石枕二排,待枕出水后,在枕的外沿插杆布绳,搂厢加高,并及时抛枕固根。随着河势向上游扩展,用同样方法抢修 5 号、4 号垛。2 号垛的抢护采用了层柳层石的搂厢,是黄河上一种普遍采用的水中结构(见图 4-63)。柳石搂厢对防止急溜冲刷滩岸效果显著,但需要以最快速度使埽体抓底,否则底部冲刷力增大易淘刷滩岸及河床。为避免埽体出现悬空、前爬、溃膛等现象,下部埽体采用了棋盘、三排桩、连环五子(三种桩绳的排列法)软性材料(厢埽签束柴料的桩绳结构),使其埽体平稳下蛰。其部选用双头人、羊角抓、三星桩等硬性材料,以增大牵引力,制埽体前爬,同时采取边加厢(三种桩绳团结厢体的方法)边用铅丝笼或大块石等措施,2 号垛很快抢修成功。8 月 14 日河势恶化,3 号坝位坍塌严重,水深溜急,抢修工程迫在眉睫。为使收效快、埽体稳,改柳石搂厢为滚厢(见图 4-64)。

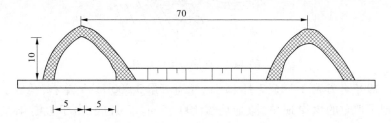

图 4-61　防护形式示意图 （单位:m）

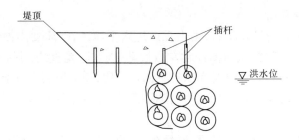

图 4-62　柳枕抢险示意图

**(三)滦河马良子段塌岸抢险**

1. 险情概况

滦河马良子段位于河北省昌黎县,防洪标准为流量 5 000 $m^3/s$,校核流量为 7 000 $m^3/s$。

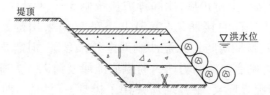

图4-63　搂厢抢险示意图

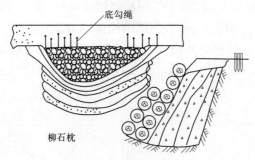

图4-64　滚厢抢险示意图

　　1995年6月1日至7月15日,滦河流量3 000 m³/s左右,马良子段出现了严重的塌岸现象,滩地坍塌100多m。7月底,由于上游雨量较大,水库泄水集中,滦河洪峰流量6 100 m³/s,水流直冲堤脚,堤埝劈裂2/3。

　　2. 出险原因

　　滦河过京山铁路桥后,由山丘区进入平原区,河床变为沙性河床,河道宽阔,河势平缓,主河槽经常左右摆动,大水时是直线,小水时走弯路。流量超过5 000 m³/s时对河床具有调直作用,使河道利于宣泄洪水,小水时(流量3 500 m³/s以下)主河槽摇摆不定,河势具有向左岸移动的趋势。

　　滦河进入昌黎马良子段,流量在3 000 m³/s左右时,该河段河水靠近左岸,由于滦河左岸此段防洪护岸工程标准低,数量少,泄洪能力差,随着流量、水流速度的增大,水流直切马良子堤埝,造成堤岸滩根部淘刷,形成岸边土体"头重脚轻"之势,河岸坍塌严重,堤埝毁塌过半。

　　3. 工程抢险

　　遵循"护基固脚、缓流挑流"的原则,7月27日,滦河流量3 000

m³/s,河岸滩地坍塌严重,马上危及堤埝,全体军民顶着大雨抢修、培土、加固堤埝、打桩、挂柳,完成打桩挂柳 150 个树头,险情基本上得以控制。7 月 30 日,由于滦河上游雨量较大,水库泄水集中,滦河洪峰流量达到 6 100 m³/s,加之受海潮影响,滦河泄水缓慢,水位较高,随着水位的变动,挂柳失去作用。为了护住堤脚,抛填了大量石块、装满土的编织袋等,但都由于水流速度大,均被大水冲走。经指挥部研究,最后决定采用大体积钢筋笼内装石块在水流顶冲处防护。于是迅速连夜抢焊钢筋笼并火速运送到现场。开始钢筋笼为长方形,笼尺寸为 1 m×1 m×2 m,装满石块后重约 2 t,经试用发现由于焊接点多,牢固性差,为了减少焊接,后来用灯笼形的鸡窝笼(圆柱形),体积也在 2 m³ 以上。这些钢筋笼体积大,装石块后重量大,整体性强,抗冲刷力强,但搬运不方便,指挥部又调动吊车吊放,同时也用人力搬运,共抛填钢筋笼 500 多个,总质量 1 000 多 t,有效地控制了塌岸速度。抛钢筋笼的同时抢修护岸丁坝,在近 10 m 深的急流中筑起丁坝 3 道,总长 80 多 m,制止了险情的扩大,避免了大堤决口。

# 第九节　跌窝抢险

## 一、险情说明

跌窝又称陷坑,一般是在大雨、洪峰前后或高水位情况下,经水浸泡,在堤顶、堤坡、戗台及坡脚附近,突然发生局部凹陷而形成的一种险情。这种险情既会破坏堤防的完整性,又常缩短渗径,有时还伴随渗水、漏洞等险情发生,严重时有导致堤防突然失事的危险。

## 二、原因分析

(1)施工质量差。施工质量差主要表现在:堤防分段施工,两工接头未处理好;土块架空;雨淋沟(水沟浪窝)回填质量差;堤身、堤基局部不密实;堤内埋设涵管漏水;土石、混凝土结合部夯实质量差等。施工质量差的堤段,在堤身内渗透水流作用或暴雨冲蚀下易形成跌窝。

(2)堤防本身有隐患。堤身、堤基内有獾、狐、鼠、蚁等动物洞穴,坟墓、地窖、防空洞、刨树坑夯填不实形成的洞穴,以及过去抢险抛投的土

141

袋、木材、梢杂料等日久腐烂形成的空洞等。遇高水位浸透或遭暴雨冲蚀时,这些洞穴周围土体湿软下陷或流失即形成跌窝。

(3)伴随渗水、管涌或漏洞形成。由于堤防渗水、管涌或漏洞等险情未能及时发现和处理,使堤身或堤基局部范围内的细土料被渗透水流带走、架空,最后土体支撑不住,发生塌陷而形成跌窝。

### 三、抢护原则

根据险情出现的部位及原因,采取不同的措施,以"抓紧翻筑抢护,防止险情扩大"为原则,在条件允许的情况下,可采用翻挖分层填土夯实的方法予以彻底处理。当条件不允许时,如水位很高、跌窝较深,可进行临时性的填筑处理,临河填筑防渗土料。如跌窝处伴有渗水、管涌或漏洞等险情,也可采用填筑导渗材料的方法处理。

### 四、抢护方法

#### (一)翻填夯实

凡是在条件许可,而又未伴随渗水、管涌或漏洞等险情的情况下,均可采用此法。具体做法是:先将跌窝内的松土翻出,然后分层填土夯实,直到填满跌窝,恢复堤防原状为止。如跌窝出现在水下且水不太深时,可修土袋围堰或桩柳围堰,将水抽干后,再行翻筑。如跌窝位于堤顶或临水坡,宜用防渗性能不小于原堤土的土料,以利防渗;如跌窝位于背水坡,宜用透水性能不小于原堤土的土料,以利排水。

#### (二)填塞封堵

当跌窝出现在水下时,可用草袋、麻袋或土工编织袋装黏性土或其他不透水材料直接在水下填实跌窝,待全部填满后再抛黏性土、散土加以封堵和帮宽,要封堵严密,防止在跌窝处形成渗水通道,见图4-65。

#### (三)填筑滤料

跌窝发生在堤防背水坡,伴随发生渗水或漏洞险情时,除尽快对堤防迎水坡渗漏通道进行截堵外,对不宜直接翻筑的背水跌窝,可采用填筑滤料法抢护。具体做法是:先清除跌窝内松土或湿软土,然后用粗砂填实,如涌水水势严重,按背水导渗要求,加填石子、块石、砖块、梢料等透水材料,以消杀水势,再予填实。待跌窝填满后可按砂石滤层铺设方法抢护。

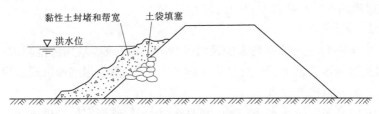

图 4-65 填塞封堵跌窝示意图

如图 4-66 所示,抢护前后的浸润线对比。

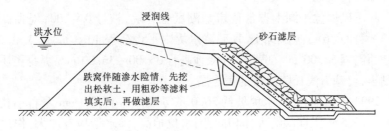

图 4-66 填筑滤料抢护跌窝示意图

## 五、注意事项

(1)跌窝险情往往是一种表面现象,原因是内在的,抢护跌窝险情,应先查明原因,针对不同情况,选用不同方法,备足料物,迅速抢护。

(2)在翻筑时,应根据土质情况留足坡度或用木料支撑,以免坍塌扩大,并要便于填筑;需筑围堰时,应适当留足施工场地,以利抢护工作和漏水时加固。

(3)在抢护过程中,必须密切注意上游水位涨落变化,以免发生安全事故。

## 六、抢险实例

### (一)湖北赤壁市长江柳山堤段跌窝抢险

1. 险情概况

1998 年 7 月 28 日凌晨 5 时 35 分,赤壁市长江柳山堤段桩号 2 + 000 处堤顶出现有直径 2 m、深 2.0 ~ 2.5 m 的跌窝;8 月 3 日 14 时 38 分,在桩号 2 + 020 处堤顶出现直径 1.5 m 的跌窝。两洞相连,平均深度 2.5

m。出现两次跌窝后江水迅速内渗。

**2.出险原因**

由于堤防漏洞等险情未能及时处理,使堤身或堤基局部范围内的细土料被渗透水流带走、架空,最后土体支撑不住,发生塌陷而形成跌窝。

**3.抢护原则及方法**

对跌窝采取排渍水、清淤泥、填黏土、层土层砑夯实的处理方法。

**(二)洞庭湖善卷垸(陈家港)猪尾巴堤跌窝抢险**

**1.险情概况**

猪尾巴堤位于湖南省常德市鼎湖区善卷垸,桩号 0 + 200,堤顶高程 43.3 m,面宽 6 m,内外坡比 1:5,背水堤内平台高程 40.3 m、宽 3 m。堤内地面高程 34.00 m。迎水堤外滩地高程 35.00 ~ 36.00 m。堤身土质为亚黏土,堤基为浅丘陵边缘的黄土层。

1994 年汛期,在背水堤坡约 36.0 m 处发现有直径 3 cm 左右小孔流清水。1995 年汛期险情大体相同,因水位抬高,渗水量稍有加大,作过导滤处理。1996 年 7 月 18 日早晨,发现同一位置漏水量加大,出水孔扩展到碗口大,渗水中带有泥土颗粒,随后又增加到 4 个小孔出流。19 日 11 时 30 分,漏水量加大到 0.3 m$^3$/s,19 日 21 时 11 分,堤面距临水堤肩约 1 m 处水面发现直径 10 cm 漩涡;随即出现跌窝并迅速发展到 2 m × 5 m,从背水坡出流孔中涌出泥浆约 4 m$^3$,见图 4-67。

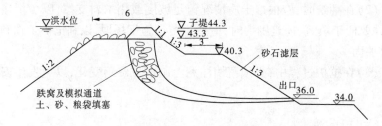

**图 4-67　善卷垸猪尾巴堤险情示意图**　(单位:m)

**2.出险原因**

1994 年、1995 年出险,一直认为是散浸,1995 年作导滤处理。但 1996 年出险,险情反而加重,堤面出现漩涡,显然存在渗流通道。经推测,很可能是堤内有兽洞从内坡通到接近堤顶和堤面,在高洪水压作用

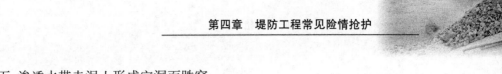

下,渗透水带走泥土形成空洞而跌窝。

3.抢护方法

险情发生后,立即组织劳力开挖导渗沟,导渗沟深 1 m、底宽 0.5 m,后加大到深 2 m、宽 1.3 m,并堆压卵石、块石 300 m³。当堤面出现漩涡、跌窝时,突击抛投砂、粮、卵石袋填塞,并在堤面及临水坡铺油布止水,上压土、砂、粮袋,控制了险情。抢险过程中上劳力 3 000 人,历时一天一夜,搬运土石方 5 000 m³。

1996 年冬,大堤已作清除隐患加培迎水坡和加高处理,从堤顶开挖至跌窝底深 5 m,洞底直径 0.6 m,靠背水堤内一边有一直径 10 cm 左右的光滑洞孔,弯曲通向堤背水坡坡脚,沿孔追挖,在出口旁发现棺材一副,旁边有蛇洞。

# 第五章　水闸常见险情抢护

　　水闸是一种调节水位、控制流量的低水头水工建筑物,具有挡水和泄水的双重功能,在泄洪、排涝、冲沙、取水、航运、发电等方面应用十分广泛。水闸一般建设在河道、渠道及水库、湖泊岸边及滨海地区,通过闸门的开启和关闭调节水位和控制流量。关闭闸门,可以挡水、挡潮、蓄水抬高上游水位,以满足拦蓄洪水、抬高水位、上游取水或通航的需要;开启闸门,可以泄洪、排涝、冲沙、取水或根据下游用水的需要调节排水流量等。

　　由于主要江河堤防工程上均建有大量水闸,在洪水作用下,水闸会出现各种各样的险情,因此本书专门设置本章节介绍水闸工程常见险情的抢护。

## 第一节　水闸概述

### 一、水闸分类

水闸主要有以下两种分类方法。

#### (一)按承担的任务分类

　　水闸按所承担的任务可分为节制闸、进水闸、分洪闸、排水闸、挡潮闸、冲沙闸、排冰闸、排污闸等,如图 5-1 所示。

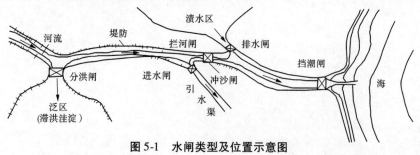

图 5-1　水闸类型及位置示意图

1. 节制闸(或拦河闸)

节制闸(或拦河闸)拦河或在渠道上建造。枯水期用以拦截河道,抬高水位;洪水期则开闸泄洪,控制下泄流量。

2. 进水闸

进水闸又称取水闸或渠首闸,建在河道、水库或湖泊的岸边,用来控制引水流量。

3. 分洪闸

分洪闸常建于河道一侧,用来将超过下游河道安全泄量的洪水泄入预定的湖泊、洼地或蓄滞洪区。

4. 排水闸

排水闸常建于江河沿岸,外河水位上涨时关闸以防外水倒灌,外河水位下降时开闸排除两岸低洼地区的涝渍。

5. 挡潮闸

挡潮闸建在入海河口附近,涨潮时关闸不使海水沿河上溯,退潮时开闸泄水。

6. 冲沙闸

冲沙闸是用于排除进水闸或节制闸前淤积泥沙的水闸。

7. 排冰闸、排污闸

排冰闸、排污闸是为排除冰块、漂浮物等而设置的水闸。

**(二)按闸室结构形式分类**

水闸按闸室结构形式可分为开敞式水闸、胸墙式水闸和涵洞式水闸(见图5-2)。

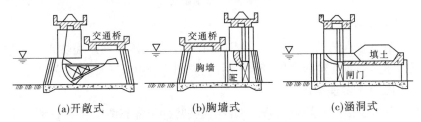

(a)开敞式　　　　(b)胸墙式　　　　(c)涵洞式

**图5-2　闸室主要结构形式示意图**

1. 开敞式水闸

闸室为开敞式结构,闸室上面不填土封闭,闸门全开时,过闸水流具

有自由水面的水闸,如图 5-2(a)所示。

### 2. 胸墙式水闸

胸墙式水闸通过固定孔洞下泄水流,其闸槛高程低、挡水高度大,如进水闸、排水闸、挡潮闸等均可以采取胸墙式结构,如图 5-2(b)所示。

### 3. 涵洞式水闸

涵洞式水闸简称涵闸,多用于穿堤引(排)水,闸室结构为封闭的涵洞,在进口或出口设闸门,洞顶填土与闸两侧堤顶平接,可作为交通道路的路基,而不需另设交通桥。涵洞式水闸适用于闸上水位变幅较大或挡水位高于闸孔设计水位,即闸的孔径按低水位通过设计流量进行设计的情况,如图 5-2(c)所示。

## 二、水闸组成

水闸一般由闸室、上游连接段和下游连接段组成,如图 5-3 所示。

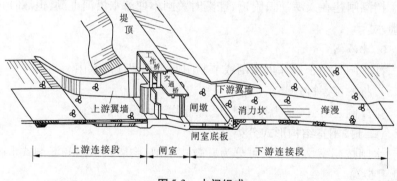

图 5-3　水闸组成

### (一)闸室

闸室是水闸的主体部分,分别与上下游连接段和两岸堤防或其他建筑物连接。通常包括底板、闸墩、闸门、启闭机、胸墙、工作桥及交通桥等。

### (二)上游连接段

上游连接段一般包括防渗工程、护底防冲工程和两岸连接工程。

### (三)下游连接段

下游连接段具有消能和扩散水流的作用,主要包括消能防冲工程、排水工程和两岸连接工程。

### 三、水闸工作特点

#### (一)稳定方面

关门挡水时,水闸上下游较大的水头差会产生较大的水平推力,使水闸有可能沿基面产生向下游的滑动。

#### (二)渗漏方面

由于上下游水位差的作用,水将通过地基和两岸的土体向下游渗流,地基土在渗流作用下,容易产生渗透变形。

#### (三)消能防冲方面

水闸开闸泄水时,过闸水流往往具有较大的动能,流态也较复杂,有时还会出现波状水跃和折冲水流,而土质河床的抗冲能力较低,可能引起冲刷,必须采取消能防冲措施。

#### (四)沉降方面

土基上建闸,由于土基的压缩性大,抗剪强度低,在闸室的重力和外部荷载作用下,可能产生较大的沉降,影响正常使用,尤其是不均匀沉降会导致水闸倾斜,甚至引起结构断裂而不能正常工作。

### 四、水闸常见险情

水闸一般建设在软体地基上,两侧与堤防工程相连,工程主体与基础、两侧的土体结合部位处理难度大,都是防洪的薄弱环节,加上部分水闸管理水平不高,手段落后,洪水期间甚至非汛期枯水期间都有可能出现多种险情。同时,由于水闸需要发挥挡水、泄水、冲沙等多种重要功能,在不同的水力条件下也会发生不同的险情。因此,水闸的险情种类较多、情况比较复杂,险情分类也不完全统一,但概括起来,主要有以下几类常见险情。

#### (一)土石结合部、闸基破坏

土石结合部、闸基破坏主要包括土石结合部和闸基渗水险情、管涌险情、漏洞险情、闸基滑动险情等。

##### 1. 渗水险情

汛期高水位时,水闸边墩、岸墙、翼墙、护坡、管壁等与土堤结合部、背水侧坡面、堤脚等部位有水渗出,形成渗水险情。

2. 管涌险情

汛期高水位时,若渗流出逸点的渗透坡降大于允许坡降,土的颗粒在渗透动水压力作用下,被渗流带出,形成贯穿的通道;或渗透动水压力超过背河地面覆盖的有效压力时,渗流通道出口局部土体表面被顶破、隆起或击穿,发生"沙沸",土粒随渗水流失,局部成洞穴、坑洼,形成管涌。

3. 漏洞险情

漏洞险情主要是指土石结合部、闸基形成上下游贯通的水流通道而形成的险情。

4. 滑动险情

滑动险情主要指水闸高水位挡水时,闸底板与土基之间的抗滑摩阻力不能抵抗水和泥沙水平方向的滑动推力,使水闸产生向下游移动失稳的险情。

**（二）水闸工程自身损坏**

水闸工程自身损坏主要包括闸门漏水、闸门失控、建筑物裂缝、启闭机螺杆弯曲等险情。

1. 闸门漏水险情

水闸在运用过程中,有时会出现闸门闭合不严、止水损坏等闸门漏水的险情。

2. 闸门失控险情

闸门门体变形、下垂、门体连接件锈蚀破坏,设计闭门力不足,底槛门槽内障碍物无法清除干净等原因造成闸门失去控制或闸门落不到底,无法控制泄漏水流的险情。

3. 建筑物裂缝险情

水闸建筑物混凝土、砌体或分缝出现裂缝的险情,有的还伴有渗水现象。

4. 启闭机螺杆弯曲险情

采用螺杆启闭机的水闸螺杆发生纵向弯曲,使启闭机无法正常工作的险情。

**（三）闸顶漫溢**

水闸上游洪水位超过水闸设计防洪水位,闸墩顶部漫水或闸门溢流的险情。

### （四）上下游防护工程破坏

上下游防护工程破坏是指水闸上下游防护工程在水流作用下发生坍塌破坏的险情。

# 第二节　土石结合部破坏抢险

## 一、险情说明

水闸土石结合部险情主要包括渗水、管涌、漏洞险情。

水闸等建筑物的某些部位，如水闸边墩、底板、岸墙、翼墙、护坡、管壁等与土基或土堤结合部等，在高水位渗压作用下，形成渗流或绕渗，冲蚀填土，在闸背水侧坡面、堤脚发生渗透破坏，形成渗水、管涌、漏洞险情。渗水、管涌险情若抢护不及时可以发展为漏洞险情，造成土石结合部位土体的大量流失，导致涵闸破坏，甚至造成堤防决口，造成重大洪水灾害。

## 二、原因分析

造成水闸土石结合部渗水、管涌及漏洞险情的原因，除水情方面外，既有工程方面的原因，也有施工、管理等方面的原因。概括起来，主要有以下几个方面：

（1）水闸边墩、岸墙、护坡的混凝土或砌体与土基或堤身结合部土料回填不实。

（2）闸体与土堤所承受的荷载不均，产生不均匀沉陷、裂缝或空洞，遇到降雨，地面径流进入，冲蚀形成陷坑，或使岸墙、护坡失去依托而蛰裂、塌陷。

（3）洪水顺裂缝集中绕渗，通过砂砾石或壤土中的空隙产生渗漏，严重时在建筑物下游侧造成管涌、流土，危及水闸、堤防等建筑物的安全。

## 三、险情的判别与监测

### （一）渗水、管涌险情监测

对水闸在水头作用下所形成的浸润线、渗透压力、渗水流量、渗水颜色变化等进行观测和监测，具体方法一般有如下几种。

**1. 外部观察**

对闸室或涵洞,详细检查止水、沉陷缝或混凝土裂缝有无渗水、冒沙等现象,并对出现集中渗漏的部位,如岸墙、护坡与土堤结合部、闸下游的底板及消力池等部位,检查渗流出逸处有无冒水冒沙现象。

**2. 渗压管监测**

洪水期间密切监测渗压管水位,分析上下游水位与各渗压管之间的水位变化规律是否正常。如发现异常现象,则水位明显降低的渗压管周围可能有渗流通道,出现集中渗漏。应针对该部位检查止水设施是否断裂失效,并查明渗流通道情况。

**3. 电子仪器监测**

利用电子仪器监测闸基集中渗漏、建筑物土石结合部渗漏通道或绕渗破坏险情,经过 20 世纪 70 年代以来的大量探索,已开发研制成功多种实用有效的仪器。其中,ZDT－Ⅰ型智能堤坝探测仪、MIR－1C 多功能直流电测仪,均具有智能型、高精度、高分辨率及连续探测、现场显示曲线的特点,可以借助计算机生成彩色断面图及层析成像,对监测涵闸、泵站及涵洞等工程的渗漏、管涌险情具有明显效果。有关电子探测仪器的详细情况请参阅相关资料。

**4. 渗水观测**

水闸发生渗水险情后,应指派专人观测渗水的颜色、流量变化情况,观察水流颜色是否变混、变黄,出水量是否加大。渗水颜色由清转黄、流量加大明显的,应及时采取抢护措施。

**(二)漏洞险情监测**

**1. 水面观察法**

在水深较浅无风浪时,漏洞进口附近的水体易出现漩涡。如果看到漩涡,即可确定漩涡下有漏洞进水口;如果漩涡不明显,可在水面撒麦糠、碎草或纸片等,若发现这些东西在水面打旋或集中于一处,即表明此处水下有漏洞进口。该法适用于漏洞进水口处工程靠溜不紧、水势平稳、洞口较浅的情况,简便易行。

**2. 水上表面裂缝探测与监测**

观测裂缝的位置、走向,绘出裂缝的坐标图,探测裂缝长度、深度、宽度等基础数据,并密切注视各项数据的变化情况,搞好险情监测。

### 3. 水下检查法

水下检查最常用的方法主要是由潜水员潜入水下通过目测、手摸进行直接检查。

探摸漏洞进口的位置时，要特别注意预先关闭闸门，切忌在高速水流中潜水作业，以确保潜水人员的安全。

从以上险情监测的时间、外因条件变化，可以预测其发展趋势，便于及时采取抢护措施。

## 四、抢护原则

土石结合部渗水、管涌的抢护原则是临水截渗，背水反滤导渗，即在临水侧采取截断进水通道，背水侧滤水导渗，减小渗压和出逸速度，制止土粒流失，必要时可以同时采取蓄水平压的方式，减小临背河之间的水位差。漏洞险情的抢护原则是临水堵塞漏洞进水口，背水反滤导渗，辅助采取蓄水平压措施。

## 五、抢护方法

### （一）堵塞漏洞进水口、临水截渗

临河堵塞漏洞进水口的原则是"小洞塞，大洞盖，盖不住时围起来"。漏洞进水口为水深不大、直径较小的单个洞口时，可以用堵塞的办法，如草捆或棉絮、草泥网袋堵塞等塞堵；洞口稍大的漏洞，或虽有多个漏洞进水口，但洞径不大且相互之间距离较近的，可以采取篷布覆盖法盖堵；当漏洞进水口直径较大，险情发展迅速，或漏洞洞口较多、分散范围较大，篷布无法覆盖所有漏洞进水口时，就需要采取围堵措施，即在漏洞堤段的临河侧紧急修筑围堤，将整个水闸围护起来，彻底断绝漏洞进水通道，达到截断漏洞通道的目的。

### 1. 抢筑围堤法

当漏水洞口直径较大或洞口较多，范围较大，险情发展快，而闸前堤坡上又有建筑物、障碍物、石护坡等，用堵塞法和覆盖法难以奏效，也不便修筑前戗，闸前又有修筑围堤的场地时，可用修筑临水围堤的办法抢险。

抢险时，可在水闸前一段距离修筑围堤，围堤两端分别与水闸上下游的堤防相连，将整个水闸用围堤和堤防形成的包围圈围堵起来，彻底隔断

水流通道,达到抢护渗水、管涌、漏洞险情的目的。

如闸前有引水渠道,也可以利用渠道两端的渠堤作为围堤的一部分,在渠道内修筑土坝,与渠堤共同形成闭合的围堤,阻断水流通道,达到抢护漏洞险情的目的。

**2. 篷布覆盖法**

篷布覆盖法一般适用于涵洞式水闸闸前临水堤坡上漏洞进水口的抢护。但是,闸前堤坡如有突出的结构、构件,或堤坡有混凝土及石料护坡,该办法不再适用。

**3. 其他抢护方法**

其他抢护方法有:一是草捆(或棉絮)堵塞法,适用于进水口直径不大,且水深在2.5 m以内的漏洞;二是草泥网袋堵塞法,适用于进水口不大、水深在2 m以内的漏洞;三是土工模袋堵漏法,适用于水闸土石结合部或闸基出现的洞径较大的渗漏孔洞;四是黏土前戗法,当漏水洞口直径较大或洞口较多,范围较大,无法采取盖堵的办法截断进水口时,或闸前堤坡上有建筑物、障碍物,用堵塞法和覆盖法难以奏效时,可用填筑前戗的办法进行抢堵。上述四种险情抢护方法详见本书第四章,本节不再详述。

**(二)背水导渗反滤**

渗流已在水闸下游堤坡出逸,当堤身土质渗水性较强,出逸处附近土体稀软,而且当地反滤材料比较丰富时,为防止流土或管涌等渗流破坏,使险情扩大,可在出逸处采取导渗反滤措施。

**1. 砂石反滤**

砂石反滤法由于需要满铺滤料,使用砂石较多,但反滤效果比较理想,料源充足时,应优先选用。

**2. 柴草反滤(又称梢料反滤)**

柴草反滤(又称梢料反滤)法适用于砂石反滤料紧缺,而柴草、梢料等料物充足的情况下抢险。

**3. 土工织物反滤**

土工织物反滤层是一种能够保护土粒不被水流带走的导渗滤层。当背河堤坡或堤脚渗水比较严重,堤坡比较松软,抢险用的砂石料比较缺乏时,可以采取土工织物反滤抢险。

上述险情抢护方法详见本书第四章。

### （三）无滤反压法（又称养水盆法）

根据逐步抬高背河侧水位,减小水头差的原理,通过在背河渠道内修筑拦水土坝的方法,适当壅高渠道内水位,降低临背河水位差,减小渗透比降,制止渗透破坏,达到稳定险情的目的。如果闸后渠道上建有分水闸、节制闸等,且距离不太远,也可以通过关闭分水闸、节制闸的方法,适当壅高渠道内水位,达到蓄水平压、稳定险情的目的。

对于水闸工程抢险而言,无滤反压法抢险方法简便,且无须反滤料,特别是有分水闸、节制闸的水闸,只需将所有分水闸门关闭或屯堵即可,简单易行。当水闸工程出现严重漏洞险情时,特别是漏洞进水口一时无法找到或全部找到,其他方法一时无法控制险情时,该方法对减缓险情发展效果明显。但该方法只从减压着手,而不具备导滤作用,产生险情的根本威胁并未消除,效果较差,一般只作为减缓险情采取的紧急措施,需要与其他抢险方法配合使用。在使用该办法初步减缓险情的同时,应积极采取前堵、后导的抢护措施,彻底消除险情危害。另外,采用该法抢险时,背河侧蓄水水位不宜过高,同时要注意及时加固挡水土坝,防止土坝渗水、垮塌等,使险情加重,甚至决口,造成更为严重的灾情。当背河侧水位过高时,可以通过在围堤的适当高程埋置排水管的办法,将多余的水排入下游渠道内。

### （四）中堵截渗（又称开膛堵漏法）

在临水漏洞进口堵塞、背水导渗反滤取得效果后,为彻底截断渗漏通道,可从堤顶偏下游侧,在水闸岸墙与土堤结合部开挖长 3～5 m 的沟槽,开挖边坡 1∶1 左右,沟底宽 2 m。当开挖至渗流通道时,将预先准备好的木板紧贴岸墙和渗流通道上游坡面,用锤打入土内,然后用含水量较低的黏性土或灰土（灰土比 1∶3～1∶5）,迅速将沟槽分层回填,并夯实,达到截渗的目的,如图 5-4 所示。

采取开膛堵漏的办法截断漏水通道,在大水期间水位较高、堤防土体含水量饱和时,如处理不当很容易造成土体扰动,使险情扩大,甚至引发堤防决口,带来严重后果。因此,在汛期高水位、堤身断面不足时,此法应慎重使用。

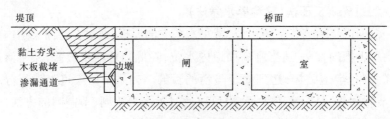

图 5-4　开膛堵漏示意图

## 六、注意事项

（1）漏洞险情，应尽快寻找进水口并以临水堵截为主，辅以背水导滤，而不能完全依赖于背水导滤。

（2）在漏洞进水口截堵和抢护管涌险情时，切忌乱抛砖石、土袋、梢料等物体，以免使险情发展扩大。在漏洞出水口切忌打桩或用不透水料物强塞硬堵，以防堵住一处，附近又开一处，或使小的漏洞越堵越大，致使险情扩大恶化，甚至造成溃决。在漏洞出水口抛散土、土袋填压都是错误的做法。

（3）采用盖堵法抢护漏洞进水口时，需防止在堵覆初期，由于洞内断流，外部水压增大，从洞口覆盖物的四周进水。因此，洞口覆盖后，应立即封严四周，同时迅速压土闭气，否则一次堵覆失败，洞口扩大，增加再堵困难。

（4）无论采取哪种办法抢堵漏洞进水口，均应注意工程安全和人身安全，要用充足的黏性土料封堵闭气，并应抓紧采取加固措施，漏洞抢堵加固之后，还应有专人看守观察，以防再次出险。

（5）抢护渗水险情，应尽量避免在渗水范围内来往践踏，以免加大加深稀软范围，造成施工困难和险情扩大。

（6）砂石导渗要严格按质量要求分层铺设，尽量减少在已铺好的层面上践踏，以免造成滤层的人为破坏。

（7）梢料作为导渗抢险材料，能就地取材，施工简便，效果显著，但梢料容易腐烂，汛后必须拆除，重新采取其他加固措施。

（8）修筑导滤设施时，各层粗细砂石料的颗粒大小要合理，既要满足渗流畅通，又要不让下层细颗粒被带走，一般要求相邻两层间满足颗粒级

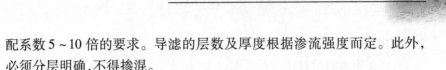

配系数5～10倍的要求。导滤的层数及厚度根据渗流强度而定。此外，必须分层明确，不得掺混。

（9）凡发生漏洞险情的堤段，大水过后一定要进行锥探灌浆加固，或汛后进行开挖翻筑。

（10）切忌在背水用黏性土修做压浸台，这样会阻碍渗流逸出，势必抬高浸润线，导致渗水范围扩大和险情恶化。

（11）在土工织物以及土工膜、土工编织袋等化纤材料的运输、存放和施工过程中，应尽量避免和缩短其直接受阳光暴晒的时间，并在工程完工后，其顶部必须覆盖一定厚度的保护层。

## 七、抢险实例

### （一）湖南省南县育乐垸洞庭湖北岭闸渗水抢险

育乐垸北岭闸位于湖南省南县中鱼口乡，建于1960年。洞身为直径0.7 m的钢筋混凝土圆管，底板高程29.1 m，管身长度42 m。堤顶高程38.30 m，宽8 m，堤身填土为淤泥质土，外河洲高程32 m。

1.险情概况

1998年7月，洞庭湖发生严重洪水，7月27日6时30分，外河水位达到37.50 m，北岭闸内引水渠与管道出口结合部位突然鼓浑冒泡，明显出现浑水，并很快形成高约1.5 m的水柱，不到30 min时间，水柱增高到近2 m，出水量约相当于0.2 m水泵的出水量。潜水探摸发现，该闸导墙底板沉陷，水从管道外渗入，险情发展迅速，有可能造成大堤溃决。

2.出险原因

出险原因：一是洞身分节设计不当，第一节伸缩缝离启闭机台仅1.5 m，其余均为5 m一节，造成洞身沉降不均匀；二是该闸建设时间长，伸缩缝柏油杉板老化损坏严重；三是闸前水位高，渗透压力超过了土壤承受水渗透压力极限，土体沿管壁随渗水逸出。

3.抢险方法

按照"前堵、后导、蓄水平压"的原则，制订组合抢护方案。

前堵即在堤防的临河侧用棉絮盖堵进水口，以启闭机台柱为中心，向四周各铺贴15 m，并及时用黏土封堵闭气。后导及平压即在闸后10 m

的渠道内修筑拦水土坝,抬高渠道内水位,降低临背河水位差,减少渗透压力,并在出水口处修建砂石导滤铺盖,防止土体流失。

险情发生后,湖南省南县中鱼口乡防汛指挥部迅速组织 1 600 名抢险队员抢险,历时 3 昼夜,闸前帮土方 4 500 m³,闸后修土坝 800 m³,抢险用黄砂 35 t、卵石 40 t 等,险情解除。

**(二)湖南省常德市洞庭湖蒿子港交通闸管涌抢险**

蒿子港交通闸位于澧水大堤 144 + 591 处,建于 20 世纪 80 年代中期,结构形式为浆砌石墙、钢筋混凝土底板的开敞式交通闸,堤身为人工填沙黏土壤。1996 年高水位时,曾出现墙身底板渗漏险情,仅作反导滤处理。

1. 险情概况

1998 年 7 月,洞庭湖遭受了历史上罕见的洪水袭击,洪峰水位高出 1954 年洪水位 2.25 m。7 月 23 日 0 时,闸首两侧墙开始出现渗流,3 时,两侧墙和底板处出现 22 处鼓水涌沙,直径 0.5 ~ 1.5 cm,涌水高达 0.7 m 以上,并夹带有堤身泥土,渗水总流量在 0.5 m³/s 以上,随着水位的增长,流量也逐渐加大。

2. 出险原因

出险原因:一是工程设计标准不足,致使洪水位超过工程设计水位;二是工程修建标准低,闸墙两侧及底板未设防渗墙;三是工程质量较差,墙身与土体结合不实,存在薄弱环节;四是 1995 年、1996 年两次高水位,对该工程造成严重损伤,但处理不彻底,存在安全隐患。

3. 抢险方法

按照"前堵后导"的原则抢险,临湖用彩条布截断水流通道,背湖修筑反滤围井导渗的方法抢险。

23 日 3 时 15 分,垸防汛指挥部迅速组织抢险队员 500 人参加抢险。前堵:先将彩条布绑块石沉入坡底,上用人拉平,放到底,出水 1 m,然后用砂砾袋压实。迎水面铺彩条布总长 60 m 防渗,砂卵装袋压实,厚 1 m。后导:闸后用土袋修做围堰,闸后漏水处先放粗砂厚 0.2 ~ 0.3 m,后用砂石压 0.8 ~ 1 m,四周用袋装土修做围堰。7 月 23 日 7 时,涌水由 0.5 m³/s 减少到 0.1 m³/s,水色由浑变清,险情基本得到控制。

# 第三节　闸基破坏抢险

## 一、险情说明

闸基破坏险情主要包括渗水、管涌险情。

水闸的基础或土基与基础的结合部位等,在高水位渗压作用下,局部渗透坡降增大,集中渗流或绕渗,引起渗水;当渗流比降超过地基土允许的安全比降时,非黏性土中的较细颗粒随水浮动或流失,在闸后发生冒水冒沙现象,形成流土,亦称翻沙或地泉。

险情如不及时抢护会发展扩大,地基土大量流失出现严重塌陷,会造成闸体剧烈下沉、断裂或倒塌失事,或形成贯通临背水的管涌或漏洞险情。因此,对水闸本身及闸基产生的异常渗水甚至管涌、流土,要及时处理,确保水闸的渗透稳定,保证安全度汛。

## 二、原因分析

造成闸基渗水、管涌险情的原因,归纳起来主要有:

(1)水闸地下轮廓渗径不足,闸基在高水位渗压作用下,渗透坡降增大,当渗流比降超过地基土允许比降时,地基土中的较细颗粒随水浮动或流失,可能产生渗水破坏,形成冲蚀通道,引起流土或管涌。

(2)地基表层为弱透水层,其下埋藏有强透水沙层,承压水与河水相通,当临河侧水位升高,渗透坡降增大,闸下游出逸渗透比降大于土壤允许值时,在闸后地表层的薄弱地段可能发生流土或管涌,冒水冒沙,形成渗漏通道。

(3)由于水闸止水防渗系统破坏,渗透坡降增大,当渗流比降超过地基土允许的安全比降时,在闸后或止水破坏处冒水冒沙,形成流土或管涌,危及水闸安全。

(4)闸底板与地基接触不密实,存有渗流通道,在水头作用下产生渗流。

### 三、险情判别与监测

闸基破坏险情的判别与监测与水闸土石结合部险情的判别与监测基本相同,详见本章第二节。

### 四、抢护原则

闸基渗水、管涌险情的抢护原则是:上游截渗、下游导渗或蓄水平压减小上下游水位差。只要条件许可,应以上截为主,以下排(导)为辅。上截即在水闸上游侧或迎水面封堵进水口,以截断进水通道,防止入渗;下排(导)即在水闸下游侧采取导渗和滤水措施,及时将渗水排走,制止涌水带沙,以降低基础扬压力。

### 五、抢护方法

#### (一)上游抛黏土阻渗

首先关闭闸门,派潜水员下水查找漏水进口。在渗漏进口处,用船载黏土袋,由潜水人员下水用黏土袋填堵进口,然后抛散黏土闭气。再在漏水口周围用船缓慢抛填黏土。

抢险时,一是要准备足量的散状黏性土,并且装于船上备用;二是由船上抛土时,要缓缓推下,不要太快,以免土体固结不实。

#### (二)上游落淤阻渗

在水闸闸基渗水、管涌不太严重的情况下,并且水闸所在河流含沙量较高,能够利用河水落淤阻渗的,可以将水闸关闭,利用洪水挟带的泥沙,在闸前落淤,形成阻渗铺盖,阻止渗漏,如图5-5所示。

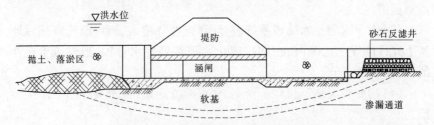

图5-5 上游阻渗和下游设反滤井示意图

**（三）下游反滤围井导渗**

在管涌出口处修筑反滤围井，制止涌水带沙，防止险情扩大，如图5-5所示。一般运用于背水地面出现数目不多和面积较小的管涌，以及数目虽多但未连成大面积而能分片处理的管涌群。对于水下管涌，当水深较小时亦可采用。根据所用导渗材料的不同，具体修筑方法有以下几种。

1. 土工织物反滤围井

土工织物反滤围井的施工方法也与砂石反滤围井基本相同，但在清理地面时，应把一切带有尖、棱的石块和杂物清除干净并注意平整好修作场地。土工织物铺好后在其上填筑40～50 cm厚的一般透水料。

此法应注意防止土工织物被淤堵失效。若发现背水堤坡浸润线抬高，或滤料凸起，应改用砂石料反滤。

2. 砂石反滤围井和梢料反滤围井

临时抢护管涌险情可采用砂石反滤围井或梢料反滤围井。

**（四）反滤铺盖法**

反滤铺盖法通过建造反滤铺盖，降低涌水流速，制止泥沙流失，以稳定管涌险情。一般运用于管涌较多、面积较大并连成一片、涌水涌沙比较严重的地方，特别对表层为黏性土、洞口不易被涌水迅速扩大的情况下。

**（五）透水压渗台法**

修筑透水压渗台可以平衡渗压，延长渗径，减小渗透比降，并能导渗滤水，防止土粒流失，使险情趋于稳定。此法适用于管涌较多，范围较大，反滤料不足而沙土料源丰富的堤段。

**（六）无滤反压法**

无滤反压法也叫减压围井法，又称养水盆法。在下游修筑围堤或关闭闸门蓄水平压，减小上下游水头差。

砂石（梢料）反滤围井法、反滤铺盖法、透水压渗台法和无滤反压法抢险的具体方法详见本书第四章。

## 六、注意事项

水闸工程渗水、管涌险情抢护注意事项与堤防工程渗水、管涌险情抢护注意事项基本相同，具体请参见本书第四章。

### 七、抢险实例

#### (一)湖南省岳阳市洞庭湖三合垸龙井闸闸底板管涌抢险

三合垸位于湖南省岳阳市新墙河中下游。龙井闸位于大堤桩号 3 + 700 处,1974 年 10 月建成,为预制混凝土砖拱形结构,宽 2 m,底板高程 30.76 m,表层土质为轻黏土,下部地质构造不明。

1. 险情概况

该工程险情共分为以下两个阶段:

第一阶段从 1998 年 7 月 4 日至 8 月 25 日。7 月 4 日晚 21 时,外湖水位 34.4 m,内湖水位 29.2 m 时,巡逻发现在距水闸出口 5 m 的地方出现管涌,管涌直径 18 cm,出水量 3 L/s,并严重挟沙出流,随后下水探查,发现管涌出口周围水温低,通过对该点的压渗后,管涌范围扩大为约 21 $m^2$,管涌出逸点增到 4 处。

第二阶段从 8 月 26 日开始。外湖水位 35.7 m,在第一次出现的管涌点位置,重新出现翻沙鼓水,直径约 15 cm,挟沙程度一般。

2. 出险原因

(1)下游消力池彻底破坏,将出口冲成深坑。根据潜水员探明的情况,坑深达 4 m,高程约 27 m,面积 30 $m^2$,在闸室出口形成陡坎。由于冲坑底板高程低于外河河滩沙洲高程,将透水性强的砂层裸露出来,在闸底板形成了强透水通道,渗径大大缩短。

(2)进口底板没有设置垂直截渗,闸基础在扬压力作用下,使进口位置土层破坏,形成管涌。第一次破坏时,当闸基透水通道形成后,水力坡降为 5.2/3( = 1.73)。如此高的水力坡降很容易使土体失稳。

(3)渗径太短。由于该闸靠近河床位置,下部沙基础高程较高,土壤保护层较薄,渗流流网分布不均,主要由进出口土层控制渗流,一旦土层破坏,容易发生管涌。

3. 抢险原则及方法

按照前堵后导的抢护原则,并结合工程险情实际情况,采取反滤导渗的办法制止涌水带沙,同时采取蓄水减压措施,在下游修做养水盆,降低上下游水位差。

**4. 工程抢险**

管涌发生后，按照轻重缓急，分以下两步组织抢险：

第一步，采用卵石导滤，控制泥沙带出。管涌发生后，一方面立即向县防汛指挥部报告，另一方面组织 10 余部拖拉机抢运卵石，100 余名劳力紧急将卵石装包成为卵石包，将管涌周围用卵石包垒起，然后填压卵石，面积约 21 m²，卵石厚度 1.3 m。抢险工作从 7 月 4 日晚 21 时 20 分开始，到 7 月 5 日 4 时结束。

第二步，蓄水减压。在闸下进水渠 30 m 位置做土坝，土坝高 3.6 m，堤面高程 33.8 m，长 9 m，底宽 4 m，7 月 5 日 8 时开始到 11 时 40 分结束。土坝蓄水后内外水位差降至 1.6 m。

通过上述措施，险情得到控制，渗水量稳定，蓄水池水质清亮，管涌发生、发展第一过程结束。由于外河水位的持续上涨，8 月 26 日，当外河水位达到 35.7 m 时，巡查人员发现在原管涌位置出现翻沙鼓水，为做到彻底控制管涌，迎战下一次洪峰的到来，一方面组织劳力继续用卵石导渗，控制泥沙带出；另一方面，在外湖进行封堵。首先，自卸船将冲坑用砂填平至高程 30.67 m；再通过潜水员将油布铺平，完全遮住填平后的砂堆；再在油布上面压砂。通过 6 h 的紧张抢护，外湖封堵结束，险情被完全控制。

**（二）湖南省安乡县洞庭湖大鲸港交通闸闸基管涌抢险**

大鲸港交通闸位于湖南省安乡县大鲸港镇，建于 20 世纪 80 年代中期，闸身宽 4 m，高 4.5 m，长 12 m，钢筋混凝土结构；前后扩散段长各 4.5 m，浆砌石结构，底板高程 37.1 m。附近堤面高程 41.6 m，面宽 8 m，内外坡 1∶5.5。堤顶以下 5 m 内坡设宽 5 m 平台，堤脚防汛公路宽 7 m，路面高程 35.0 m。

**1. 险情概况**

1998 年 7 月 22 日下午，当外河水位 40.10 m 时，在内扩散段与闸墙结合处底部发生翻沙鼓水。随着洪水位的升高，渗水时间延长，涌水量逐渐增大。在处理第一处后扩散段与底板接合处又连续发现了 3 处涌水点，涌水孔径 0.12 m，开始时涌水高 0.2 m，迅速增加到 0.8 m。

**2. 出险原因**

该堤段是 20 世纪 80 年代由湖内向湖外移筑的临湖大堤，基础原是

163

坑塘,基础处理不够彻底,闸体石墙培箱不够密实。经查,20 世纪 90 年代几个丰水年汛期都有较小量的翻沙鼓水,均没有彻底处理,以致培箱与主体结合部被淘空而形成管涌。

3.抢险原则及方法

经研究,采取前堵后导的抢护原则,采取闸前修筑围堤,封堵闸门,闸后修围堰,蓄水平压,闸前闸后同时抢护。

4.工程抢险

第一个险点用砂卵石按三级导滤处理,但随后又接连出现 3 个险点,险情有进一步发展的趋势。经研究,按照前堵后导的抢护原则,及时调整为闸前截流、闸后导滤、减压的方法同时抢护。一是用土封堵闸门,封堵墙高于洪水位 0.5 m,阻断管涌通道;二是在堤内修围堰,围堰高 1.4 m,灌水 1 m 深,蓄水减压;三是将 3 个险点连片用修做砂、石导滤铺盖,控制了险情。

# 第四节　滑动抢险

## 一、险情说明

水闸高水位挡水时,水闸水平方向的推力增大,闸基扬压力也相应增大,闸底板与土基之间的抗滑摩阻力不能平衡水平方向的滑动推力,使水闸沿底板与地基结合部或地基内薄弱面产生剪切破坏或向下游失稳滑动。

滑动险情按照滑动面的位置分为表面滑动和深层滑动两种基本类型。按照滑动面形状的不同可分为三种类型:一是平面滑动;二是圆弧滑动;三是混合滑动。三种类型的共同特点是基础已受剪切破坏,险情发展迅速,抢护十分困难,如抢护不及,可能导致水闸失事。因此,必须在水闸出现滑动征兆后,及早采取紧急抢护措施,避免滑动险情扩大。

## 二、原因分析

发生滑动险情的水闸多为开敞式水闸,其他类型的水闸一般不会发

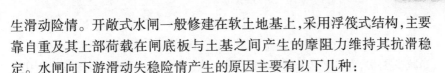

生滑动险情。开敞式水闸一般修建在软土地基上,采用浮筏式结构,主要靠自重及其上部荷载在闸底板与土基之间产生的摩阻力维持其抗滑稳定。水闸向下游滑动失稳险情产生的原因主要有以下几种:

(1)上游挡水位超过水闸设计挡水位,下游低于设计水位,上下游水位差加大,水平推力增加,同时闸基渗透压力和上浮力也增大,闸底板与土基之间的抗滑摩阻力降低,使水平方向的滑动力超过抗滑摩阻力。

(2)防渗、止水设施破坏,反滤失效,使渗径变短,造成地基土壤渗透破坏甚至冲蚀,增大了渗透压力、浮托力,地基摩阻力降低。

(3)上游泥沙淤积,产生的水平推力加大了水平滑动力。

(4)其他突发的附加荷载超过原设计极限值,如地震力等。

### 三、险情的判别与监测

水闸一般建设在土基上,在建筑物、水压力等各种荷载组合作用下应具有抵抗滑动或剪切破坏的能力。除自重外,水闸还承受高水位时水平向的推力和基础扬压力,一旦滑动力大于抗滑稳定力,水闸下的土基或底板与地基结合部就会发生剪切破坏,进而滑动和倾覆。因此,每年汛期都必须对水闸在各种运用条件下的抗滑动和抗倾覆稳定进行监测,以确保防洪安全。

险情监测主要是依据变位观测资料,分析工程各部位在外荷载作用下的变位规律和发展趋势,从而判断有无滑动、倾覆等险情出现。涵闸变位观测是在工程主体部位安设固定标点,观测其垂直和水平方向的变位值。在洪水期间要加密观测次数,将观测结果及时整理分析,判断工程稳定状态是否正常。

#### (一)水平位移观测

水平位移观测是运用精密仪器设备连续定期测量水闸测点在水平方向上的位置变化。观测点一般布设在闸墩顶部、岸墙顶部、公路桥和工作桥棱角处,以及翼墙上部和一些需要进行水平位移观测的部位等。

#### (二)垂直位移观测

垂直位移观测是水闸安全监测的基本项目,主要采用精密水准测量的方法。观测前,先校核水准基点高程,然后将水准基点与起测基点组成水准环线进行观测。如果河流的两岸均布设有起测基点,主线的观测可

按附合水准线路进行。水闸建成竣工后,头 5 年运行期内 1 次/月,随着时间的推移,运行期超过 5 年以后,经资料分析水闸沉陷也趋稳定,可适当减少测次,为 1 次/季度和汛后测 1 次。当发生地震或超标准运用时(例如超过设计最高水位,最大水位差),有可能加大地基沉降,危及工程安全,应及时增加测次,加强观测。

### 四、抢护原则

抢护原则是增加阻滑力,减小水平滑动力,提高抗滑安全系数,预防水闸滑动。

### 五、抢护方法

#### (一)加载增加摩阻力

加载增加摩阻力的方法适用于水闸平面缓慢滑动险情的抢护。

抢险时,在水闸的闸墩等部位堆放块石、土袋或钢铁,在公路桥面可以堆放钢轨、工字钢、钢板等重物,加大水闸上部荷载,增加闸底板与土基之间产生的摩阻力,维持水闸抗滑稳定。加载重量要经过稳定验算确定,同时也能不影响防汛交通。

加载阻滑时要注意:

(1)加载不得超过地基许可应力,否则,会造成地基大幅度沉陷;各部位加载要均衡,以免造成不均匀沉陷。

(2)具体加载部位的加载量不能超过该构件允许的承载能力,一般应进行应力计算分析。

(3)堆放重物的位置,要考虑留出必要的防汛抢险应急通道。

(4)一般不要向闸室内抛物增压,以免压坏闸底板或损坏闸门构件。

(5)险情解除后要及时卸载,进行善后处理。

#### (二)下游堆重阻滑

下游堆重阻滑的方法适用于圆弧滑动和混合滑动两种缓滑险情的抢护。

在水闸下游可能出现滑动面的下端堆放土袋、沙袋、块石等重物,阻止水闸滑动。重物堆放位置及数量由阻滑稳定验算确定,如图 5-6 所示。

下游堆重阻滑应注意:

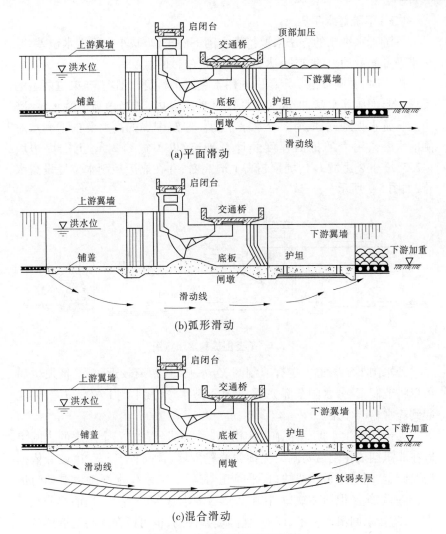

(a)平面滑动

(b)弧形滑动

(c)混合滑动

**图5-6 下游堆重阻滑示意图**

（1）水闸下游一般土源丰富，取用方便，工作场面大，便于抢险作业，抢险时应优先考虑使用。

（2）抢险前要认真勘察险情，确定水闸滑动面的下端边缘，认真研究抢险方案，确定堆重位置和堆重量，保证堆重体覆盖住滑动面的下端，进而保证阻滑效果。

### (三)下游蓄水平压

下游蓄水平压的方法采取抬高水闸下游水位,减小上下游水位差,减小水平方向滑动力的办法,达到消除险情的目的。

抢险时,在闸下游一定范围内用土袋或土料筑成围堤,与渠道两边的渠堤一起形成养水盆,抽取河水灌注在养水盆内,适当壅高下游水位,减小上下游水头差,以抵消部分水平推力。修筑围堤的高度要根据壅水对闸前水平作用力的抵消程度经计算确定,堤顶宽约 2 m,土围堤边坡1:2.5,堆土袋边坡 1:1,堤顶超高 1 m 左右,并在靠近控制水位处设溢水管,如图 5-7 所示。

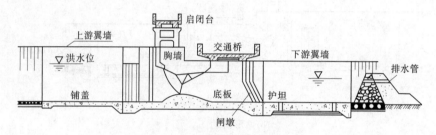

图 5-7　下游围堤蓄水示意图

若水闸下游渠道上建有节制闸、分水闸,且距离较近时,险情发生后可以将节制闸、分水闸全部关闭,抬高下游水位,减小上下游水位差,亦能起到养水盆的作用。

为预防大洪水期间水闸发生滑动险情,部分存在安全隐患的水闸可以在非汛期依托闸后两侧渠堤预先修建围堤,顶高程、顶宽、边坡等依据情况而定,闸后渠道预留缺口,平时正常运用,高水位水闸发生滑动险情时,迅速修筑土堤堵住缺口,在闸后形成养水盆,蓄水平压,抵消部分水平推力,防止水闸滑动。不具备修建围堤条件的,也可以在水闸附近预备土方,以备紧急时刻用于修建围堤蓄水。

### (四)圈堤围堵

圈堤围堵的方法一般适用于闸前有较宽滩地的情况。

在水闸临水侧,沿滩地修筑临时圈堤,圈堤两端与水闸两侧的堤防工程形成闭合圈,将水闸与洪水隔绝,彻底消除滑动威胁。圈堤高度通常与闸两侧堤防高度相同,顶宽应不小于 5 m,以利施工和抢险。圈堤边坡

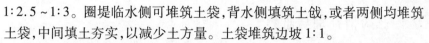

1:2.5~1:3。圈堤临水侧可堆筑土袋,背水侧填筑土戗,或者两侧均堆筑土袋,中间填土夯实,以减少土方量。土袋堆筑边坡1:1。

圈堤填筑工程量较大,且施工场地相对较小,短时间内抢筑相当困难。一般可在汛前将圈堤两侧部分修好,中间留下缺口,并备足土料、编织袋等,预报发生大洪水,需要围堵水闸时,迅速封堵缺口,形成圈堤。

### 六、抢险注意事项

不论发生何种滑动险情,都要立即实行交通管制,禁止除抢险车辆外的其他车辆在水闸上通行。一是避免来往车辆扰乱抢险工作的顺利进行;二是避免车辆的扰动加剧水闸滑动,使险情恶化;三是避免险情对行人、车辆安全的威胁,保证人民的生命安全。

抢险加载、堆重时,切忌乱堆乱放和猛掀猛倒,避免对基础造成有害扰动或受力不均,加重险情。

# 第五节　上下游坍塌抢险

### 一、险情说明

水闸上游一般修建有建筑物两侧翼墙、边墙、导流墙、护坦、护坡等防止河道水流及水闸泄水冲刷的防护设施,汛期高水位或水闸开闸放水时,受到高速水流或高含沙水流的冲刷、空蚀作用,水闸上游防护设施等建筑物可能发生蛰陷、倾斜甚至坍塌等险情。

水闸下游一般修建有护坦、消力池、海漫、防冲槽以及建筑物两侧翼墙、边墙、导流墙、护坡等防护设施。水闸开闸放水时,受到高速水流的冲刷、空蚀作用,下游防护设施等建筑物可能发生蛰陷、倾斜甚至坍塌等险情,如不及时抢护,将危及水闸安全。

### 二、原因分析

(1)闸前遭受大溜顶冲,风浪淘刷。

(2)闸下游泄流不匀,出现折冲水流,使消能工、岸墙、护坡、海漫及防冲槽等受到严重冲刷,使砌体冲失、蛰裂、坍陷,形成淘刷坑。

### 三、险情判别与监测

在水闸引水、分洪时,为保证工程安全运用,需要及时进行监测。一般采用如下监测方法。

#### (一)外观检查

观察闸上下游水流有无明显的回流、折冲水流等异常现象;观察上下游裹头、护坡、岸墙及海漫有无蛰陷、滑动,与土堤结合面有无裂缝等。

#### (二)人工测深检查

按照预先布置好的平面网格坐标,在船上用探水杆或尼龙绳拴铅鱼(球)探测基础面的深度,对比原来工程的高程,确定冲刷坑的范围、深度,计算冲刷坑的容积。同时,对可能发生的滑动、裂缝、前倾或后仰等进行分析。

#### (三)测深仪监测

采用超声波或同位素测深仪对水下冲刷坑进行探测,绘制冲刷坑水下地形图,与原工程基础高程相比较,找出冲刷坑的深度、范围,并确定冲失体积及分析建筑物可能出险的部位。

### 四、抢护原则

上下游坍塌险情的抢护原则是:固坦护坡,阻止继续坍塌。

### 五、抢护方法

#### (一)抛投块石或混凝土块

护坡及翼墙基脚坍塌,可以采取抛投块石或混凝土块的办法抢险。

抛投可采取船抛和岸抛两种方式进行。先从险情最严重的部位抛起,依次由下层向上层抛投,并向两边展开。抛投时要随时探测,掌握抛石高度和坡度,直到达到稳定要求为止。

当水深流急,块石粒径太小不能满足稳定要求时,可抛投大块石等,同时采用施工机械抢险,加快、加大抛投量,尽快遏制险情发展,争取抢险主动。

护坡及翼墙基脚受到淘刷时,抛石体可高出基面;护坦、海漫部位一般抛填至原设计高程为宜。

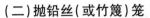

**（二）抛铅丝（或竹篾）笼**

护坡及翼墙基脚发生坍塌，当溜势过急，抛块石不能制止坍塌时，可采取抛铅丝笼的办法抢险。用铅丝笼装块石或卵石，抛入冲刷坑内，制止坍塌。铅丝笼体积一般为 $0.5 \sim 1.0 \ m^3$，笼内装石不可过满，以利抛下后笼体变形，减小空隙。

竹子来源丰富的地方，也可以用竹篾子编笼装石，代替铅丝笼抢险。

**（三）抛土袋**

护坡及翼墙基脚坍塌，块石短缺或供应不足时，也可采用抛土袋等方法进行抢护。

抢险时，将土料装入麻袋或编织袋，袋口扎紧或缝牢后抛入冲刷坑内，也能起到和抛石一样的防冲固基效果。抢险时，草袋、麻袋、土工编织袋内装入土料，袋内装土不宜过满，饱满度为 $70\% \sim 80\%$，人工抛投时每袋重 50 kg 左右为宜，以便搬运和防止摔裂。土料以沙土、沙壤土为好，装土后用铅丝或尼龙绳绑扎封口，土工编织袋应用手提式缝包机封口。若用机械抛填，根据袋类的抗拉强度，可适当加大装土量。

抛土袋最好从船上抛投，或在岸上用滑板滑入水中，层层压叠。流速较大时，可将几个土袋用绳索捆扎后投入水中；也可将多个土袋装入预先编织好的大型网兜内，用吊车吊放至出险部位，或用船、滑板投放入水。

**（四）抛柳（秸）石枕**

护坡及翼墙基脚坍塌严重，基脚土胎外露，险情较严重时，水流会淘刷基础，仅抛块石抢护因石块间隙透水，效果不好，而且抢护速度慢、耗资大，这时可采用抛柳石枕的方法抢护。抢险方法详见本书第四章。

**（五）土工编织布（或土工布）软体排**

用聚丙烯编织布、聚氯乙烯绳网构成软体排，设置在坍塌险点处，然后用混凝土块或土、石袋压沉于坍塌处。在水流不太急的地段，也可以采取将土工编织布或土工布直接铺在坍塌部位，上压土、石袋的办法抢险。

## 六、抢险实例——福建省九龙县北溪引水枢纽工程上游冲刷坑抢险

福建九龙北溪引水枢纽工程于 1980 年建成运用，由南、北港水闸，船闸，左、中、右干渠进水闸及节制闸等组成。

**(一)险情概况**

1986年,检查发现南港水闸2号与3号闸孔前黏土铺盖及浆砌条石护面被冲刷,破坏面积约200 m²,最大冲刷深度为3.2 m,冲刷坑边界上铺盖护石悬空,底层黏土平均冲刷深0.5 m,最大2.5 m,并有向闸身和4号、6号闸孔方向发展的趋势。

**(二)出险原因**

闸前黏土铺盖冲刷破坏的主要原因是:

(1)受河势变化影响,南港主流偏向左岸,水流集中冲刷南港水闸的2号与3号闸孔部位。

(2)闸前原阻水建筑物施工后未彻底清除,影响水流,形成漩涡。

(3)黏土铺盖端墙基础部分在设计及施工时未采取必要的加固措施。

**(三)抢险原则及方法**

按照及时加固闸前黏土铺盖,增强抗冲能力,阻止继续坍塌的原则抢险。

为了避免南港水闸闸前黏土铺盖和河床冲刷坑继续扩大,危及闸身安全,决定对现有冲刷坑予以回填,并修复防渗体。经方案比较,选定了土工织物防护的处理方案。

该方案的特点是:①在静水下抛填散砂,回填冲刷坑密实度高;②用土工织物水下铺盖封闭散砂,整体性较好;③用编织袋砂包压盖土工织物,具有柔性,抗冲性能好;④水中铺设的土工膜与原黏土铺盖连接紧密,修补加固并恢复了防渗性能;⑤用扎结尼龙绳网,使表层砂包连成整体,提高了砂包抗冲能力;⑥水下施工各工序均由潜水员与水上人员配合完成,施工质量可靠。

**(四)工程抢险**

(1)放样与定位。根据加固工程范围和水下施工抢护特点,在现场使用经纬仪测量放样。

(2)抛填散砂。船运散砂至指定地点,向出险部位抛砂,潜水员水下整平,施工员在船上用测深锤检查回填高程。

(3)抛填编织袋砂包。船运砂包至指定地点,抛投入水,潜水员水下搭叠,摆正位置。

（4）水下铺设土工织物。先将幅宽 2.5 m 的土工布按设计长度裁剪，将两块布用尼龙线缝扎双道缝拼成一块（幅宽 5.0 m 的可单块使用）并编号，铺放时按指定位置选好编号。将土工布卷在一根钢管上，用木船运到指定位置，放入水中，由潜水员在水下慢慢展开，同时抛放砂包将土工布压住，再抛填上层砂包。

（5）水下铺设土工膜。先将幅宽 0.9 m 的土工膜按设计长度剪裁，然后用电熨斗热粘，每块布由 4～5 小块粘接而成，拼接后膜布的幅宽为 3.3～4.1 m，全部按设计数量加工，并编号，铺放方法同上。同样上压砂包。

工程竣工后，经实测验证冲刷坑位置已按设计完成，有的地段还略有淤积。施工中及完工后曾多次受洪水考验，经潜水员水下检查，表层更加密实，砂包之间吸附得更为紧密，无异常现象。

# 第六节　闸顶漫溢抢险

## 一、险情说明

涵洞式水闸一般埋设于河流的堤防工程内，防漫溢措施和堤防工程防漫溢措施相同，一般不必考虑漫溢险情。

开敞式水闸的闸身上方没有堤防覆盖，如果洪水位超过设计挡水位，洪水漫过闸门顶或胸墙跌入闸室，会发生漫溢险情。同时，由于水位升高，河水对闸身的水平推力和基础扬压力也相应增加，闸身基础稳定性降低，也可能导致水闸发生浮托滑动等严重险情。

## 二、原因分析

工程出险原因主要有：水闸设计挡水位标准偏低，或河道淤积严重，造成水闸防洪能力降低，洪水期间水位超过闸门或胸墙顶高程，如不及时采取防护措施，洪水会漫过闸门或胸墙跌入闸室，危及闸身安全。

## 三、险情判别与监测

### （一）水文、气象信息

发生较大洪水，水位较高，可能发生闸顶漫溢险情时，应密切注视水

文、气象信息,及时收集水情信息,按照水文预报和气象预报,分析判断洪水发展趋势,预测最高洪水位,分析闸顶漫溢险情的可能性。

（二）工程结构检查

检查闸门顶部结构,结合闸门结构选择适合的抢护方案,及时制订修建土袋挡水墙或闸前围堵的抢护方案,落实抢险料物、人员、机械,做好抢险准备。

## 四、抢护原则

当洪水位超过闸墩顶部或闸门高度不大时,采取修建土袋挡水墙的办法抢险;洪水位超过闸墩顶部或闸门高度过大、无法使用土袋加高的办法抢险时,采取闸前围堵的办法抢险。

## 五、抢护方法

### （一）土袋挡水墙法抢险

根据洪水预报水位,测算闸顶漫水高度,在洪水位超过闸顶不多的情况下,可以采取在闸顶排压土袋的办法抢险。根据水闸类型的不同,修筑土袋挡水墙可以分为以下两种情况。

1. 无胸墙的开敞式水闸

无胸墙的开敞式水闸的方法适用于闸孔跨度不大水闸的漫溢险情抢险。抢险程序如下:

第一步,先焊一个平面钢架,钢架的外形尺寸以能够刚好放入水闸闸门槽内为度。钢架内部用钢筋焊上尺寸不大于 $0.3\ m \times 0.3\ m$ 的网格。

第二步,用吊车或其他吊具将已焊接好的钢架网格轻轻吊入闸门槽内,放置于关闭的工作闸门顶上,紧靠门槽下游侧。

第三步,在钢架临水侧的闸门顶部,分层叠放土袋。土袋叠放由最下端开始,逐层向上分层叠放,平铺压实,不留空隙。土袋装土不可太满,以便于平铺排压密实,增强抢险效果。

第四步,在叠放的土袋临水面铺放土工膜布或篷布挡水。抢险时,要注意将土工膜布或篷布先压在最底部的土袋下面,压紧压实,向上卷起,并将全部土袋包裹严实,上部用土袋压牢。土工膜布或篷布宽度不足时可以搭接,搭接宽度不小于 $0.2\ m$。亦可用 $2 \sim 4\ cm$ 厚的木板,严密拼接

174

后紧靠在钢架上,在木板前放一排土袋作为前戗,压紧木板防止漂浮,如图 5-8 所示。

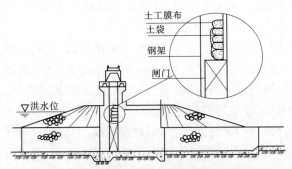

**图 5-8　无胸墙开敞式水闸漫溢抢护示意图**

2. 有胸墙开敞式水闸

有胸墙开敞式水闸发生漫溢抢险时,可以充分利用闸前工作桥,采取在其上部叠放土袋、修筑土袋挡水墙的办法抢险。抢险时胸墙顶部土袋堆放,迎水面压放土工膜布或篷布挡水等均与无胸墙水闸抢险的方法相同,如图 5-9 所示。

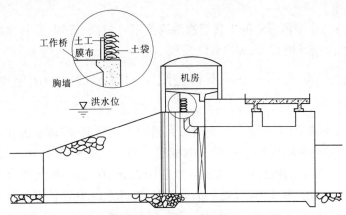

**图 5-9　有胸墙开敞式水闸漫溢抢护示意图**

与无胸墙开敞式水闸闸顶漫溢抢险方法的区别,主要是有胸墙开敞式水闸抢险时土袋挡水墙的下游侧没有钢网架。

### （二）闸前围堵

当水位超过设计水位过高,采取闸顶抢筑的办法抢险,需要修筑的土袋挡水墙高度过高,无法采用时,应考虑采取抢筑围堤挡水的办法抢险,保证水闸安全。

抢险时,围堤两端要分别与水闸上下游的堤防相连,将整个水闸用围堤和堤防形成的包围圈围堵起来,彻底隔断水流通道,达到防止发生漫溢险情的目的。修筑围堤的标准一般应与水闸所在堤防相同,堤顶宽度除满足安全要求外,还应当考虑抢险通车的要求,一般不小于 5 m。

如水闸建成时间很长,河床逐年淤积抬高,河道防洪设计水位不断抬升,致使水闸闸顶挡水高程达不到设计防洪标准要求,严重威胁防洪安全的,应当考虑将其拆除或废除。管理部门可以将其纳入基建计划,筹集资金,在汛期到来前完成闸前围堵、拆除或改建等处理措施,彻底消除安全隐患。

## 六、注意事项

（1）土袋挡水墙应与两侧闸室翼墙衔接,注意做好防渗漏措施,共同抵御洪水。

（2）防止闸顶漫溢的土袋墙修筑高度不宜过高;否则,容易造成钢网架变形、土袋墙坍塌等,加剧险情发展。

## 七、抢险实例——湖南省益阳市洞庭湖黄茅洲船闸闸顶漫溢抢险

黄茅洲船闸位于湖南省益阳市大通湖大圈南部,赤磊洪道北岸的黄茅洲镇,是连接境内外水运交通的枢纽工程。该工程于 1956 年 5 月竣工,地基为坚硬的黄色沙质黏土。闸室净长 50.0 m,闸身结构全部为钢筋混凝土,闸室为 U 形槽,宽 8 m,底板高程 25.5 m,用防渗混凝土板墙与大堤连接,顶高程 36.5 m;闸门位置宽 6.4 m,闸门采用 10.20 m 高人字门,顶高程分别为:上闸首 36.5 m,下闸首 35.2 m,最高通航水位 34.5 m。

### （一）险情概况

1996 年 8 月,黄茅洲船闸洪水位达 36.94 m,超船闸设计防洪标准 1.59 m,超上闸首顶高程 0.44 m,超闸门顶高 0.64 m。船闸上闸首防洪

墙出现 3 条纵向裂缝,缝宽 2~2.5 mm,情况十分危险。

**(二)出险原因**

(1)水位超高。1996 年 7 月 8 日开始,洞庭湖资、沅、澧三大流域相继出现了大到暴雨,再加之柘溪、五强溪、凤滩水库泄洪总量达 60 多亿 $m^3$,同时长江干流流量始终维持在 40 000 $m^3/s$ 左右,造成洞庭湖出流不畅,上下顶托,使湖区 13 d 处在危险水位以上。

(2)防洪标准偏低。黄茅洲船闸设计最高防洪水位 35.35 m,上闸首顶高程 36.50 m,人字门顶高程 36.3 m,而黄茅洲地区堤段堤面高程为 38.00 m,防洪建筑物顶高程为 37.5 m,船闸防洪标准远远不适应防洪保安全的要求。

(3)工程及其设施老化。船闸竣工通航 40 余年,工程日趋老化,设备十分落后。

**(三)抢险方法**

采取"一加、二堵、三顶、四填"的紧急抢险方案。

"一加",即洪水位在 36.3~36.5 m 的范围内,用 10 mm 钢板将上游人字门焊高 20 cm,使闸门高程由 36.3 m 上升为 36.5 m,有效地保证船闸实现梯级堵水战略,分散上下游闸门的水压力,减轻上游人字门负载,确保一道防线的安全。当洪水位上升到 36.5 m 以上时,闸门不再焊高,使洪水自由漫溢;同时调节下闸首门廊道泄水孔,使闸室内外保持相对稳定的水头差,以便实现上游人字门梯级堵水。这在一定程度上可最大限度地减轻闸门的水压力。

"二堵",即用化纤编织袋装黏土,湿润压扁后按防洪墙承受水压力分布情况,以防洪墙为对称平面,按一定规律堆放在防洪墙的背水面。考虑到场地有限,背水面再筑黏土、砂卵石袋平台。

对产生了裂缝的防洪墙,堆垒袋装黏土时,应预留一个 30 cm × 30 cm 的观察孔,以便及时掌握裂缝的发展情况,便于采取更有力的抢险措施。同时,当水位超过 36.5 m 时,用袋装黏土加高防洪墙,迎水面布置雨布,以防洪水渗透。

"三顶",即用圆木做成桁架支撑闸首空箱面板,以便板面叠垒袋装黏土。

"四填",即在防洪水位达 36 m 以上时,用化纤编织袋装 2~4 cm 的

卵石抛填闸室到 34.2 m 高程,表面再覆盖防雨布。同时对位于上闸首空箱部位的防洪墙采用空箱内弃填砂卵石的办法,以防不测。经过三天三夜的奋力抢护,终于化险为夷。

# 第七节　建筑物裂缝抢险

## 一、险情说明

混凝土建筑物主体或构件受温度变化、水化学侵蚀以及设计、施工、运行不当等因素影响,在各种荷载作用下,会出现有害裂缝。裂缝严重时可造成建筑物断裂和止水设施破坏,通常会使工程结构的受力状况恶化和整体性丧失,对建筑物的防渗、强度、稳定性有不同程度的影响,甚至可能导致工程失事。按照裂缝所在水闸的部位和危害程度的不同可分为表面裂缝、内部深层裂缝和贯通性裂缝。

## 二、原因分析

产生险情的原因主要有:

(1)建筑物强度不足,达不到水闸安全标准要求。

(2)建筑物建设时间长,工程老化,建筑物构件强度达不到水闸安全标准要求。

(3)建筑物超载或受力分布不均以及地基不均匀沉陷,使工程结构拉应力超过设计安全限值。

(4)地基土壤遭受渗透破坏,建筑物构件受力比设计受力情况恶化,造成建筑物裂缝、断裂等。

(5)地震等突发灾害性事件产生的地震力等超过设计值,造成建筑物断裂、错动、地基液化或急剧下沉。

## 三、险情判别与监测

### (一)裂缝位置形状监测

首先定出各建筑物的轴线,画出坐标,逐条量测裂缝的分布位置、现状、走向、长度、宽度和深度等。

**（二）宽度监测**

宽度可通过在其两侧设带钉头的小木桩作标点直接进行观测，也可在缝的两侧设金属标点，用游标卡尺量测或采用差动式电子测缝计等监测。

**（三）深度监测**

深度除可用细铁丝等简易办法探测外，还可用超声波探伤仪等进行探测。

**（四）错距监测**

对贯穿性裂缝的错距，可在缝的两侧设三向测缝标点进行三个方向的量测。

## 四、抢护方法

裂缝险情一般都有缓慢发展的过程，急速出现裂缝险情的情况并不多见，一般发展缓慢。因此，多数裂缝一般可在汛期过后采取处理、加固措施。

**（一）表面裂缝处理**

表面裂缝一般对结构强度无影响，但影响抗冲耐蚀或容易引起钢筋锈蚀的干缩缝、沉陷缝、温度缝和施工缝都要处理，处理方法有以下几类。

1. 防水快凝砂浆堵漏（即表面涂抹）

在水泥砂浆内加入防水剂，使砂浆有防水和速凝性能。防水剂的配制，按表 5-1 的配合比进行。

表 5-1　防水剂配合比

| 编号 | 材料名称 | | 配合比（质量比） | 颜色 |
|---|---|---|---|---|
| | 化学名称 | 统称 | | |
| 1 | 硫酸铜 | 胆矾 | 1 | 水蓝色 |
| 2 | 重铬酸钾 | 红矾 | 1 | 橙红色 |
| 3 | 硫酸亚铁 | 黑矾 | 1 | 绿色 |
| 4 | 硫酸铝钾 | 明矾 | 1 | 白色 |
| 5 | 硫酸铬钾 | 蓝矾 | 1 | 紫色 |
| 6 | 硅酸钠 | 水玻璃 | 400 | 无色 |
| 7 | 水 | | 40 | 无色 |

把水加热到100℃,然后将1~5号材料(或其中的三四种,其重量要达到5种材料总重,各种材料重量相等)加入水中,加热搅拌溶解后,降温至30~40℃,再注入水玻璃,搅拌均匀,半小时后即可使用。配制的防水剂要密封保存在非金属容器内。

防水快凝灰浆和砂浆,按表5-2配合比拌制。将水泥或水泥与砂加水拌匀,然后将防水剂注入,迅速拌匀,并立即涂抹使用。

表5-2　防水快凝灰浆和砂浆的配合比

| 名称 | 配合比(质量比) | | | | 初凝时间（min） |
| --- | --- | --- | --- | --- | --- |
| | 水泥 | 砂 | 防水剂 | 水 | |
| 急凝灰浆 | 1 | | 0.69 | 0.44~0.52 | 2 |
| 中凝灰浆 | 1 | | 0.20~0.28 | 0.40~0.52 | 6 |
| 急凝砂浆 | 1 | 2.2 | 0.45~0.58 | 0.15~0.28 | 1 |
| 中凝砂浆 | 1 | 2.2 | 0.20~0.28 | 0.40~0.52 | 3 |

施工工艺:先将混凝土或砌体裂缝凿成深约2 cm、宽约20 cm的毛面,清洗干净后,在面上涂刷一层防水灰浆,厚1 mm左右,硬化后即抹一层厚0.5~1 cm的防水砂浆,再抹一层灰浆,硬化后再抹一层砂浆,交替填抹直至与原砌体面齐平为止。

2.表面粘贴法

表面粘贴法即用胶粘剂把橡皮、氯丁胶片、塑料带、玻璃布或紫铜片等片状防水材料粘贴在裂缝部位防止渗漏的一种方法,适用于混凝土大面积龟裂、渗水等险情的修复,如图5-10所示。一般采用橡胶防水卷材(如三元乙丙橡胶防水卷材、氯化聚乙烯橡胶防水卷材等)或其他片状纤维材料(如玻璃纤维、碳纤维等),但要求黏合剂能够在潮湿或有明水的界面快速黏结固化。

表面粘贴法的工序为:施工准备→基面处理→底胶涂刷→卷材粘贴→面层处理。

施工准备:施工前应根据现场情况制订合理的修复方案,准备施工材料、人员及相关机械设备。

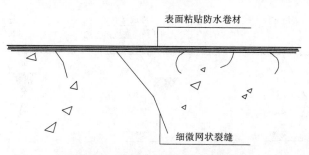

图 5-10　表面粘贴法施工示意图

基面处理：基面处理的程度决定了粘贴材料与混凝土的黏结能力，根据基面情况可采用钢丝刷或角向磨光机打磨，将混凝土基面表层附着物、松动混凝土清除，并用高压水枪冲洗干净。

底胶涂刷：基层处理结束后，将配置好的胶粘剂均匀地涂抹在基层表面，厚度为 1～2 mm，待表面干燥后，方可进行下道工序。

卷材粘贴：底胶表面干燥后，在底胶上均匀涂刷一层面胶，然后将卷材平铺在粘合面上，用滚筒或手压紧，不能有裙皱、起皮、空鼓现象。

面层处理：卷材粘贴完毕后，一般采取外粉砂浆或其他修补材料隐蔽。

质量检查：卷材粘贴表面应平整，无气泡、水泡，必要时还应对卷材的黏结强度进行现场检测。

**3. 表面嵌填法（又称凿槽嵌填法）**

表面嵌填是指沿裂缝凿槽，并在槽中嵌填止水密封材料，封闭裂缝，以达到防渗、补强的目的，如图 5-11 所示。对无渗漏的结构裂缝，一般可采用环氧砂浆、聚合物砂浆、弹性环氧砂浆或聚氨酯砂浆等强度较高的材料嵌填；而对于有水渗漏的裂缝，一般在填入遇水膨胀止水条后再用环氧砂浆、聚合物砂浆、弹性环氧砂浆或聚氨酯砂浆等封闭。

表面嵌填法的施工工序为：施工准备→裂缝开槽→槽面清理→止水材料嵌填封闭。

施工准备：施工前应根据选择的施工方案，准备施工材料、人员及相关机械设备。清除裂缝两侧 20 cm 内的混凝土表面附着物。

裂缝开槽：沿裂缝开 V 形槽，槽宽 3～5 cm，槽深 2～5 cm，开槽时应

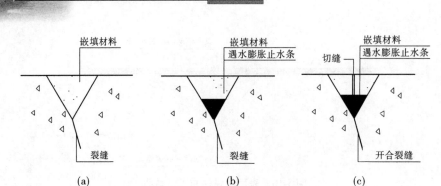

图 5-11　表面嵌填法施工示意图

清除松动混凝土。开槽长度应超过裂缝长度 15 cm 以上。

　　槽面清理：开槽完成后，应采用高压水枪清理槽面，去除表面灰渣。用以水泥为主要原料的嵌填材料修补，修补前应作界面处理。

　　止水材料嵌填封闭：按选定的方案嵌填止水材料，可采用环氧砂浆、聚合物砂浆、弹性环氧砂浆或聚氨酯砂浆等材料直接嵌填，表面抹平即可。若采用遇水膨胀止水条直接嵌填，应先嵌填止水条，再用其他材料嵌填平整。

　　由温度应力引起的裂缝，在加固设计中允许其开合的，应采用遇水膨胀止水条嵌填，并在面层嵌填材料上切缝。

　　表面嵌填法防水堵漏最常用的材料为环氧砂浆，环氧砂浆可参考图 5-12 所示的程序配制，配合比见表 5-3。

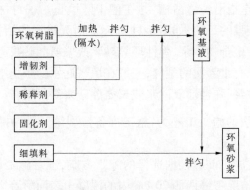

图 5-12　环氧砂浆的一般配制程序

表 5-3 防水堵漏用环氧砂浆配合比（质量比）

| 序号 | 环氧树脂 | 活性溶剂 | 500#固化剂 | 聚酰胺 | 多乙烯多胺 | 聚硫橡胶 | 304#聚酯树脂 | 二甲苯 | 丁醇 | 煤焦油 | 水泥 | 石膏线 | 石棉绒 |
|---|---|---|---|---|---|---|---|---|---|---|---|---|---|
| 1 | 100 | 20 | 25 | | | | | 35 | 35 | | | | |
| 2 | 100 | | 20 | 10~15 | 5 | | | 5~10 | 5~10 | 20 | 100 | | |
| 3 | 100 | 20 | 20 | | 5 | | 20 | 5~10 | 5~10 | 20 | 100 | | 适量 |
| 4 | 100 | | | 10~15 | 15 | | | 5~10 | 5~10 | | 100 | | |
| 5 | 100 | | | 50~60 | 5~10 | | | 10~20 | | | | | |
| 6 | 100 | | | | 5~10 | 80 | | 0~20 | | | | | |
| 7 | 100 | 5 | 25 | | | | 30 | 5 | | 80 | 100 | | 适量 |

注：1 号冷底子；2 号粘贴用；3 号环氧腻子；4、5 号粘贴用；6 号粘贴和涂层用；7 号环氧煤焦油腻子用。

### （二）深层和贯通性裂缝处理

1. 丙凝水泥浆堵漏

丙凝水泥浆堵漏的方法适用于对结构强度有影响或裂缝内渗透压力影响建筑物稳定的沉陷缝、应力缝、温度缝和施工缝。深层裂缝常用的处理方法是灌浆，即水泥灌浆，以丙烯酰胺为主剂，配以其他材料发生聚合反应，生成不溶于水的弹性聚合体，用以充填混凝土或砌体裂缝渗漏流速大的堵漏，其配合比见表 5-4。

表 5-4 丙凝灌浆材料的配合比（质量比）

| 材料名称 | A 液 | | | | | | | B 液 | |
|---|---|---|---|---|---|---|---|---|---|
| | 丙烯酰胺 | NN′-甲基双丙烯酰胺 | β-二甲氨基丙腈 | 三乙醇胺 | 硫酸亚铁 | 铁氰化钾 | 水 | 过硫酸胺 | 水 |
| 代号 | （A） | （M） | D | T | （Fe²⁺） | （KFe） | | （AP） | |
| 作用 | 主剂 | 交联剂 | 还原剂（促进剂） | | 促进剂 | 缓凝剂 | 溶剂 | 氧化剂（引发剂） | 溶剂 |
| 配方用量（%） | 5~20 | 0.25~1 | 0.1~1 | | 0~0.05 | 0~0.05 | | 0.1~1 | |

浆液的配制:①A液。先将称好的丙烯酰胺、NN′-甲基双丙烯酰胺溶于40~45 ℃的热水中,搅拌溶解后,过滤去掉沉淀物,再将称量好的β-二甲氨基丙腈加入,最后加水至总体积的一半。②B液。将称好的过硫酸胺溶于水中,加水至总体积的一半,铁氰化钾用量视选定的胶凝时间而定。一般配成10%浓度的溶液。

丙凝水泥浆中的水泥用量取决于丙凝与水泥之比,一般为2:1~0.6:1。

丙凝水泥浆配制:在A液中加入所需水泥,搅拌均匀,再加B液搅拌均匀即成。

一般采用骑(裂)缝打孔、插管灌浆堵漏,灌浆压力0.3~0.5 MPa,可用水泥泵、手摇泵或特制压浆桶进行。

2.土工织物堵漏

根据土壤粒径选取土工织物规格,铺放堵塞裂缝,上部填筑碎石压重体。

### 五、抢险实例——湖南省常德市西子口电灌站裂缝抢险

西子口电灌站位于湖南省常德市沉澧大圈桩号8+500处,建于1975年。装机1×155 kW,穿堤管道为60 cm×70 cm、长38 m的浆砌条石箱涵,底板高程38.00 m。涵管出口为浆砌条石压力水池,电灌站堤水经涵管进入水池升高后再入灌渠。堤顶高程44.8 m,堤身断面已按洞庭湖区一期治理要求达标,堤内地面高程37.0~37.5 m。

**(一)险情概况**

1996年7月21日0时,外河水位达41.74 m时,发现涵管出口流清水。21日1时左右突然出现浑水,且流量加大到0.3 m³/s,进管检查发现距进口27.5 m(约迎水堤肩1 m)处伸缩缝断裂,缝宽4~5 cm,渗水沿管外壁从裂缝中射入管内并挟带泥沙。

**(二)出险原因**

基础产生不均匀沉陷,造成涵管伸缩缝断裂,渗透水沿管外壁进入管内,形成通道。

**(三)抢险方法**

(1)组织1 000多名劳力在临水坡修做围堤堵漏。由于外河坡陡水

深,潜水员潜入水中没有找到渗漏点,险情没有得到控制。

(2)在做外包围的同时,组织敢死队用较小的木屑进管扎缝止漏,这一措施获得了较大的成功,管内流量减少了 50% 以上。

(3)在出口水池修做围堰平压。经过 30 多 h 奋战,三种措施并举,终于控制了险情。

# 第八节　闸门失控抢险

## 一、险情说明

水闸在运行过程中,闸门有时可能难以正常开启和关闭,使闸门失去控制。闸门失控不仅危及水闸本身的安全,而且高水位时闸门无法关闭,将形成泻水缺口,失去控制洪水的能力,下泄洪水可能对下游地区造成严重的洪涝灾害。

## 二、原因分析

(1)闸门变形,闸门槽、丝杠扭曲,启闭装置发生故障或机座损坏、地脚螺栓失效以及卷扬机钢丝绳断裂等。

(2)闸门底坎及门槽内有石块等杂物卡阻、牛腿断裂、闸身倾斜等,使闸门难以开启和关闭到位。

(3)某些水闸在高水位泄流时引起闸门和闸体的强烈震动,造成闸门失控。

## 三、险情判别与监测

### (一)漏水监测

及时收集水闸失控后的过流监测,收集过流流量、水位数据,包括闸门失控的时间、失控位置、过水流量大小、水位变化等,以及工程险情发展变化情况、后续洪水预报等。

### (二)险情监测

监测人员根据启闭闸门的螺杆、钢丝绳长度或启闭高度仪读数等,判定闸门关闭不到位的程度。指派专人观察险情发展变化情况,观察险情

是否扩大、恶化,如果预报后续有较大洪水、险情迅速恶化,在尽快采取水闸封堵措施的同时,还应该考虑在闸的上游或下游采取圈堵措施,修筑围堤将水闸围护起来,形成第二道安全屏障,彻底截断水流通道。

## 四、抢护方法

出现闸门失控险情后,可采用如下方法抢堵。

### (一)有检修门槽的水闸

有检修门槽的水闸闸门失控抢险可以采取吊放检修闸门或叠梁屯堵。如仍漏水,可在工作门与检修门或叠梁门之间抛填土料,将闸门用土料堵死,也可在检修门前铺放防水布帘,防止水流下泄。

### (二)无检修门槽的水闸

无检修门槽的水闸闸门失控抢险可以采取框架—土袋法屯堵,如图5-13所示。

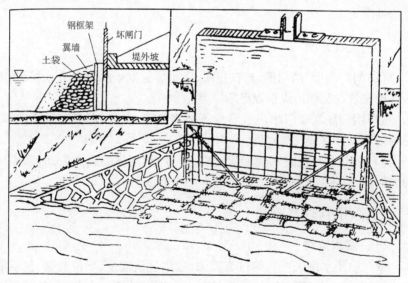

图 5-13　框架—土袋屯堵示意图

第一步,先焊一个平面钢网架,钢架的宽度略大于闸门跨度,高度略大于闸前水深,钢架内部用钢筋焊上尺寸不大于 0.3 m × 0.3 m 的网格。

第二步,用吊车或其他吊具将焊接好的钢架网格吊至闸门前,卡在闸墩前,紧靠闸墩。

第三步,在钢架临水侧抛填土袋,直至高出水面。

第四步,在土袋前抛填黏土,促使闭气。

### (三)大型分泄水水闸

大型分泄水水闸一般闸孔跨度较大,设计下泄流量较大,险情对下游的危害极大,一旦出现闸门失控险情,应当采取坚决措施,及时制止水流下泄。

大型分泄水水闸闸门出现失控险情,抢堵主要是根据闸上下游场地情况,相继采用围堰封堵。围堵的做法与要求见本章第二节土石结合部破坏抢险。

## 五、注意事项

### (一)抢险准备要充分,力争一气呵成

闸门失控险情发展一般较迅速,抢险需要的料物、人力、机械均集中,一旦抢险开始,抢险人员料物供应必须及时到位,不能中断,否则不但抢险前功尽弃,而且还将使险情扩大,带来不可预料的后果。因此,抢险之前必须做好充分准备,保证抢险需要,集中力量抢大险,争取一气呵成,迅速截断水流通路。

### (二)加强指挥调度,注意抢险人员安全

闸门失控险情工程量集中,人员料物用量大,而抢险作业面狭小,各工序作业相互影响,如果组织协调搞不好,不但抢险效率不能满足抢险需要,而且人员的安全无法保证,必须加强组织协调,有条不紊地开展工作,保证抢险各工序协调进行及人员安全。

## 六、抢险实例

### (一)黄河山东博兴县打渔张闸闸门失控抢险

打渔张引黄闸位于山东黄河博兴县王旺庄险工,大堤右岸桩号183＋650处。该闸始建于1956年,后于1981年进行改建。该闸为桩基开敞式闸型,六孔,每孔净宽6 m,净高3 m,闸室总宽42 m,长21 m,两端设岸箱(宽8.15 m)和减压载孔(宽6.8 m),新闸总宽71.9 m。闸门为钢

筋混凝土平板式闸门,闸门由上下门页组成,两门页采用螺栓连接,每扇宽6.6 m、高3.14 m、重24.68 t,启闭设备为2×40 t双吊点固定启闭机。

1. 险情概况

1991年工程管理检查发现,该闸6孔闸门底部混凝土都不同程度出现了破损漏筋,最大破损面积0.42 m²,之后管理单位多次采用环氧树脂砂浆修补,未解决根本问题。水闸止水橡皮多处脱落,失去止水作用,漏水严重。闸门铁件锈蚀、变形严重,闸门支撑轮不能转动,闸门启闭困难。由于铁件锈蚀严重,打渔张闸第三、四孔闸门上下门页分别于2001年8月6日15~16时闸门提升过程中断开,随后又将断开的两孔闸门上门页回落至原位,暂未处理。2007年9月10日10时,该闸第六孔闸门上下门页再次出现断裂,闸门上支撑轮支座断裂,导致上页闸门卡于闸室,闸门失去挡水功能,漏水流量最大达到9 m³/s,危及水闸及沿黄群众生命安全。

2. 出险原因

(1)门体结构不合理。该闸闸门分为上下两页,两页门页之间使用钢板连接,整体性差,下门页自重大,存在不安全隐患。

(2)上下闸门门页的连接钢板锈蚀严重,承载断面不断缩小,难以承担下门页的重量,导致连接钢板断裂。

(3)闸门修建时间太长,年久失修,老化严重,闸门上支撑轮支座多数断裂,导致闸门卡于闸室,闸门启闭的拉力增大,连接钢板的拉力相应增大,导致连接钢板断裂。

3. 抢险方法

由于三孔闸门均已损坏严重,无法修复,也无法将其吊出,经研究,采取了闸前围堵措施,将失控的三孔闸门先后堵复。

(1)第三、四孔闸门断开后,于2002年调水调沙开始时发生较严重的漏水,经研究,采取闸前软帘覆盖及抛土袋堵漏措施抢护,7月7日19时河务部门组织80人抢险队开始进行抢护,到7月9日凌晨抢护完成、漏水基本停止。抢护中采用闸门前覆盖帆布并结合抛土袋围堵的方法,土袋顶宽0.5 m,长均为6.5 m,临河边坡约1:2,临河侧用编织袋装土护坡。

(2)第六孔闸门断开后,采取在闸门前紧急修筑围堰的办法抢险,围

堤紧贴闸墩前沿,用编织袋装土做围堰(水下),为了减小流速,同时在闸门前用秸料封堵。进占围堰顶宽掌握在 3~4 m,围堰长 10 m,临河边坡1:1。抢险从 2007 年 9 月 10 日开始,到 9 月 13 日结束,历时 73 h。围堰完成后用泥浆泵将闸门前淤至地面平,防止漏水。

(3)为了确保失控闸门的防洪安全,2010 年 5 月对打渔张引黄闸第六孔闸门进行砖砌封堵,对其他 5 孔闸门进行大修。先修筑挡水围堰,然后排水及清除淤泥,用砖封堵第 6 孔闸门,大修其他 5 闸门,最后拆除围堰。自 5 月 21 日开始至 6 月 10 日完成,共完成填筑土方 4 600 m³,清淤1 778 m³,清除抢险堵闸杂物 500 m³,闸门封堵砖砌体 10 m³,土方拆除3 680 m³,闸门大修 5 孔。

**(二)黄河山东牡丹区刘庄闸闸门失控抢险**

刘庄引黄闸位于黄河山东段菏泽市牡丹区的南岸大堤上,黄堤桩号221+080,始建于 1979 年。该闸为桩基开敞式结构,共三孔。闸孔过水断面净高 4 m,净宽 6 m,闸门为钢筋混凝土双梁式平板闸门,高 4.15 m,宽 6.54 m,自重 25 t,分上下两页,上下页闸门有连接板通过锚栓连接,双吊点,吊点距为 5.9 m,启门力为 2×40 t。

1.险情概述

1993 年 12 月 5 日下午,刘庄闸左侧闸门在无人操作的情况下自动运转,闸门开始开启。管理人员及时发现,紧急切断了电源,及时制止了险情发展。经检查,闸门右边吊耳被拔出,与闸板脱离,左边吊耳松动,相应部位混凝土破碎,同时闸门上下门页的连接板发生变形、扭曲现象。闸门向右倾斜,支承轮脱离轨道,闸门局部混凝土破坏,闸门卡在闸门槽中,失去控制,无法正常启闭。

2.出险原因

刘庄闸启闭系统供电电路与生活供电电路共用,年久失修,经常出现小故障。1993 年入秋以后,雨雪天气较多,受启闭机倒正开关受潮等因素影响,启闭机供电电路出现短路,致使东孔闸门自行转动。闸门为两侧双吊点启闭,启闭机在提升过程中,因钢丝绳的长度不一致,两个吊耳不同时受力,造成右边单吊点受力,右边吊点受拉力超过承受能力,致使吊耳被拔出,闸门破坏。

3. 抢险方法

抢险首先采取闸前围堵的办法截断水流通道,保障水闸停止向下游泄流,确保人民生命财产安全;随后对损坏的吊耳和闸门进行修复和加固。

4. 工程抢险

(1)闸前围堵。12月7日,河务部门及时组织人员在闸前修筑第一道围埝(埝顶高程60.5 m,顶宽1.0 m,边坡1∶2,长110 m),13日排除埝内积水。由于凌汛涨水,13日16时,围埝被冲决进水,14日再次修筑加固围埝,24日又将水闸处积水排完。

为确保闸门维修顺利进行,在第一道围埝前40 m又修筑第二道围埝,该围埝顶高程61.00 m,顶宽2.0 m,边坡1∶2,长45 m,按照防御大河流量2 000 m³/s的标准修做。12月30日,第二道围埝完工。1994年1月2日,闸前后的淤泥全部清除,做好了闸门维修的各项准备。

(2)闸门维修。1月7日,山东黄河位山工程局安装队的施工人员进驻工地,1月8日开始闸门维修。按照施工规程,一是进行破碎混凝土凿除、清理,二是进行外露钢筋的切割、除锈、焊接,三是钢模板的制作,四是加固混凝土的浇筑与修复,五是支承轮和连接板的校正等。至1月15日,所有修复工作全部完成。随即搭起帐篷,将闸门保护在帐篷内,进行为期15 d的保暖养护,至1月30日,维修工作全部结束。

# 第九节　闸门漏水抢险

## 一、险情说明

闸门止水设备失去止水作用,造成闸门漏水。险情如不及时处理,将严重危及涵闸自身安全,若在汛期高水位期间出险,不仅对背河地区造成严重危害,而且还可能造成闸门失控,形成泄水缺口,影响到防洪安全,必须引起高度重视。

## 二、原因分析

(1)闸门止水设备安装不当,造成漏水。

（2）闸门止水老化失效，造成漏水。

## 三、险情判别与监测

（1）密切注视洪水预报，如果预报发生较大洪水，漏水险情一时又无法消除时，及时采取屯堵措施。

（2）加强漏水监测。及时做好水闸失控后的漏水监测，收集漏水数据，包括漏水的时间、位置、水量等，以及工程险情发展变化情况。

（3）观察漏水对下游河道、农田的影响，如果造成严重涝灾的话，也应尽快采取屯堵措施。

## 四、抢护原则

加强日常检修，消除漏水隐患；及时更换已损坏止水设施，制止漏水。

## 五、抢护方法

发现水闸漏水，应根据水闸类型以及漏水严重程度的不同，分别采取不同的抢护或维修措施。

### （一）漏水不太严重情况下的抢护

在关门挡水条件下，应从闸门上游侧用沥青麻丝、棉纱团、棉絮等填塞缝隙，并用木楔挤紧。有的还可用直径约 10 cm 的布袋，内装黄豆、红淤泥、海带丝、粗砂和棉絮混合物，堵塞闸门止水与门槽上下左右间的缝隙。

### （二）漏水严重情况下的抢护

当水闸漏水严重，对水闸工程、下游渠道（农田）构成威胁或水资源浪费严重时，就需要采取下列措施：

（1）采取闸前围堵的办法，彻底阻断水流。

（2）闸后修建围堤，抬高下游水位，阻止水流下泄。

（3）闸前围堵与闸后围堤并用，彻底截断水流通道，免除漏水危害。

闸前围堵的具体办法参见本章第二节土石结合部破坏抢险的抢筑围堤法，闸后围堤的具体办法参见本章第四节滑动抢险下游蓄水平压法。

六、注意事项

(1)加强日常维修,尽量将隐患消除在平时的维修养护工作中。

(2)汛前进行全面检查,发现漏水及时更换止水设施,不让水闸带隐患进入汛期,避免应急抢险。

(3)定期进行止水密闭性检查,在非汛期进行清淤检查,发现止水老化、错位、损坏的,及时维护、更新。

(4)大型闸门应在挡水前进行启闭试验,检查止水装置密封状况。止水损坏或密封不严的,要及时更换止水装置,或进行维修养护,保证挡水之前止水完好。

# 第六章　堤防工程堵口技术

　　江河堤防一旦发生决口,不仅会对社会造成极大危害,损失惨重,还会造成严重的生态灾难,对区域社会经济发展造成长期的严重影响,同时,堵复决口任务也十分艰巨。江河一旦发生大洪水,必须严防死守,尽最大努力防止堤防工程决口。但是,纵观历史,江河堤防工程决口又会不时发生,给中华民族带来了沉重灾难。为此,堤防一旦发生决口,应视情况尽快组织堵复,尽最大努力减小灾害损失。

　　在我国,有些多泥沙河流,如黄河下游,河床高于两岸地面,决口多形成全河夺流。还有些河流,河床低于两岸地面,决口时部分分流,洪水过后,水流回归原河道,口门断流。因此,堤防堵口有堵旱口和堵水口的区别。堵旱口,是当口门自然断流后,结合复堤选线堵复;堵水口,是在口门过流的情况下进行截堵,难度大。本章所述堵口是指堵水口。

## 第一节　堤防决口

　　当洪水超过堤防的抗御能力,或者汛期堤防险情发现不及时、抢护措施不当时,小险情演变成大险情,堤防遭到严重破坏,造成堤防口门过流,这种现象称为堤防决口。堤防一旦发生决口,几米甚至十几米高的水流倾泻而下,会直接造成人民生命财产严重损失,如1998年长江发生流域性洪水,8月1日湖北簰洲长江大堤因管涌险情抢护不力,导致堤防决口,有2个乡镇、29个村庄、5万余人受灾,直接经济损失15.85亿元;同年8月7日湖北公安县梦溪大垸决口,3个乡镇、72个村庄、近15万人受灾,直接经济损失15.76亿元。决口还会造成严重的生态灾难,对区域社会经济发展造成长期的严重影响。因此,堤防一旦发生溃决,应视情况尽快实施堵复,尽最大努力减小灾害损失,是经济社会发展和确保社会稳定的必然要求。

### 一、堤防决口原因

　　决口产生的原因有以下几种:

（1）江河水库发生超标准洪水、风暴潮或冰坝壅塞河道，水位急剧上涨，洪水漫过堤顶，形成决口。

（2）水流、潮浪冲击堤身，发生坍塌，抢护不及时，形成决口。

（3）堤身、堤基土质较差或有隐患，如獾、鼠、蚁穴及裂缝、陷阱等，遇大水偎堤，发生渗水、管涌、流土、漏洞等渗流现象，因抢堵不及时，导致险情扩大，形成决口。

（4）因分洪滞洪等需要，人为掘堤开口，形成决口。

（5）地震使堤身出现塌陷、裂缝、滑坡，导致决口。

## 二、堤防决口分类

堤防决口分为自然决口与人为决口两类。自然决口又分为漫决、冲决和溃决。人为决口又分盗决、扒决，一般统称扒决。

因水位漫顶而决口称漫决；因水流冲击堤防而决口称冲决；因堤坝漏洞等险情抢护不及时而决口称溃决；盗决多是军事相争时以水代兵，达到防御或进攻目的而造成的决口；以分洪等为目的人工掘堤造成的决口称扒决。

## 三、堤防决口口门类型

根据决口口门过流流量与江河流量的关系，分为分流口门和全河夺流口门两种。根据堵口时口门有无水流分为水口和旱口。水口，是指决口时分流比较大，甚至造成全河夺流，堵口时是在口门仍过流的情况下进行截堵。旱口又叫干口，是指决口时分流比不大，汛后堵口时已断流的情况。

# 第二节　堤防堵口

## 一、堤防堵口概述

堵口即堵塞决口。每当决口之后，务须及早堵复，减少和消除溃水漫流形成的危害。

（一）堵口分类与堵口原则

1. 堵口分类

根据河流形态、堵口时口门有无水流等情况，堵口可以分为堵水口和堵旱口。

（1）堵水口。在黄河等多泥沙河流上，河床因淤积而逐年抬高，河槽高于两岸地面，形成悬河，一旦决口，会形成全河夺流，如不及时堵口，不仅险情扩大，还会造成河流改道。采取措施拦截和封堵水流，使水流回归原河道，称为堵水口。

（2）堵旱口。如长江、淮河等河流，河床低于两岸地面，决口后只有部分水流被分流，洪水消退后，口门会出现断流。口门自然断流后，结合复堤堵复，称为堵旱口。

2. 堵口原则

江、河堤防堵口的基本原则是：堤防多处决口且口门大小不一时，堵口时一般先堵下游口门后堵上游口门，先堵小口后堵大口。如果先堵上游口门，下游口门分流量势必增大，下游口门有被冲深扩宽的危险。如果先堵大口，则小口流量增多，口门容易扩大或刷深；先堵小口门，虽然也会增加大口门流量，但影响相对较小。如果小口门在上游，大口门在下游，应先堵小口门后堵大口门，但应根据上下口门的距离及过流大小而定。如上游口门过流很少，首先堵上游口门，如上下口门过流相差不多，并且两口门相距很远，则宜先堵下游口门，然后集中力量堵上游口门。在堵口施工中，要不间断地查看水情、工情，发现险情或有不正常现象，立即采取补救措施，以防堵口功亏一篑。

（二）传统堵口技术

1. 埽工堵口

埽工堵口为黄河堵口传统技术。所谓埽工，是古代在黄河上用来保护堤岸、堵塞决口、施工截流等的一种水工建筑物。它的每一个构件叫埽个或埽捆，简称埽，小的叫埽由或由。将若干个埽捆累积连接起来，沉入水中并加以固定，就成为埽工。如图 6-1 所示为埽工结构示意图。

历史上明代以前的堵口常用的埽工为卷埽（见图 6-2），由于卷埽体积大，修做时需要很大的场地和大量的人工。所以，清代对修埽方法进行了改进，即由传统的卷埽改为顺厢埽（见图 6-1）。

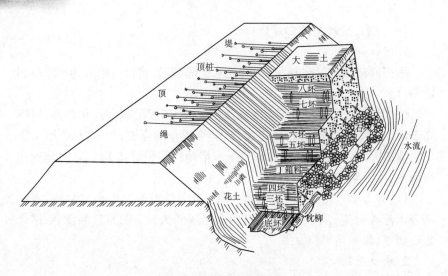

图 6-1 埽工结构示意图

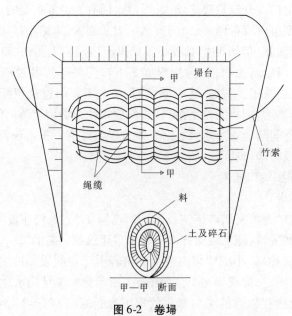

图 6-2 卷埽

196

**2. 堵口方法及特点**

堵口方法一般分为三种,即平堵法、立堵法、平立混堵法。

平堵法是沿口门普遍抛投抗冲材料,直至出水,然后在上游截渗,下游修后戗,再加培堤防。抛投抗冲材料的方法一般有三种:一是打桩架桥,由桥上抛投;二是由船定位抛投;三是船上、桥上同时抛投。平堵法的优点是:在施工过程中不产生水流集中的情况,利于施工;所抛成的坝体比埽工坚实可靠,可机械化操作,施工速度快。缺点是:用料量大,易倒桩、断桩;抛石体透水性大,堵合后不易闭气,单宽流量过大时,堵合不易成功。

立堵法是由口门两边堤头向水中进筑抗冲材料及加修戗堤,最后集中力量堵复缺口,闭气后修堤。立堵多用埽工,其优点是:便于就地取材,使用工具简单,易于闭气,在软基上堵口有独特的适应性。缺点是:埽工技术操作复杂,口门缩窄后,由于单宽流量加大,如果河底冲刷严重,埽占易于蛰裂塌陷,造成堵口工程失败。黄河下游为地上悬河,口门流速大,河床抗冲性差,一般采用立堵法堵口,其核心技术是利用埽工进占、合龙、闭气。

平立混堵法是口门一部分用平堵法,一部分用立堵法。

三种堵口方法各有其优缺点,需根据口门情况、堵口条件等综合考虑选定。一般来说口门流速较小且河床抗冲性好,可采用平堵法;反之,多采用立堵法。

**3. 传统堵口技术评价**

传统堵口技术是无数次堵口实践的经验总结,是历史上众多治河专家和广大劳动人民智慧的结晶。埽工堵口技术具有许多优点,主要表现在:

(1)埽工的整体性好,有优良的抗御水流性能。埽工是由桩绳盘结,使秸、柳等材料形成整体,具有较强的抗冲能力,能满足口门水流冲刷的要求。通过追压土石提高容重,满足抗浮等稳定要求。

(2)埽工所用的主要材料为秸料、柳枝、土料,均为当地材料,比较容易筹集。

(3)埽工性柔,可适应河底情况,与之密切结合。在厢埽堵口时,埽体能随河底淘刷下沉,可以随淘随厢以达稳定。

（4）修筑埽工，所用工具及设备简单。除船只、运土工具外，河工所用的就是破锤、小斧等小型工器具。

虽然传统堵口技术有许多优点，但目前汛期堵口的堵口要求、堵口条件与历史堵口有很多明显区别，传统堵口技术在现今的防汛实践中有许多不适应，主要表现在：

（1）埽工技术以人工操作为主，施工速度较慢。历史上堵口最少也需要几个月时间，显然不能满足汛期快速堵口的要求。

（2）汛期堵口，在较大堵口流量时，采用埽工堵口困难较大，没有成功的把握。

（3）埽工堵口需要大量的秸料、柳料等，难以在短时间内筹集，且这些材料体积大，存放困难。

（4）埽工施工技术较为复杂，在几十年没有进行堵口实践的情况下，目前缺乏全面掌握埽工技术的人员。

综合考虑以上各个因素，很有必要对传统堵口抢险技术在吸收、借鉴的基础上加以改进和发展。

**（三）当代堵口技术**

1. 钢木土石组合坝堵口技术

在1996年8月在河北饶阳河段和1998年长江抗洪斗争中，人民解放军工兵借助桥梁专业经验，采用了"钢木框架结构、复合式防护技术"进行堵口合龙。这种方法用钢管下端插入堤基，上端高出水面做护栏，再将钢管以统一规格的连接器件组成框网结构，形成整体。在其顶部铺设跳板形成桥面，以便快速在框架内外由下而上、由里向外填塞料物袋，形成石、木、钢、土多种材料构成的复合防护层。根据结构稳定的要求，做好成片连接、框网推进的钢木结构。同时要做好施工组织，明确分工，衔接紧凑，以保证快速推进。

钢木土石组合坝堵口技术具有就地取材、施工技术较易掌握，可实现人工快速施工和工程造价较低的特点，荣获了军队科技进步一等奖、国家科技进步二等奖，并向全军和全国推广，取得了显著的社会效益。

2. 黄河汛期堵口技术

为适应江河特别是黄河防汛抢险的需要，进一步提高黄河防洪的技术水平，黄河防汛抗旱总指挥部根据国家防汛抗旱总指挥部办公室要求，

进行了黄河堤防堵口新技术专题试验,在总结黄河传统堵口技术的基础上,从黄河下游汛期堵口的实际出发,充分利用新材料、新技术、新设备,对传统堵口技术进行改进,通过理论创新和实践,提出了黄河汛期堵口技术措施,并被国家防汛抗旱总指挥部推广采纳。

## 二、堤防堵口准备

堵口是一项风险很大的工作,稍有不慎就会导致前功尽弃,水灾不能及早消除,并造成很大的人力、物力浪费。准备工作充分是堵口成功的先决条件。

### (一)选择合理的堵口时机

为控制灾情发展,减少封堵施工困难,要在考虑各种因素后,精心选择封堵时机。恰当的封堵时机,有利于堵口顺利实施,减少抢险经费和决口灾害损失。在堤防尚未完全溃决或决口时间不长、口门较窄时,可采用大体积料物(如篷布加土袋或沉船等)抓紧时间抢堵。当决口口门已经扩大,现场又没有充足的堵口料物,不必强行抢堵,否则不但浪费料物,也无成功机会。为控制灾情发展,减少封堵施工困难,要考虑各种因素后,精心选择封堵时机。

堵口时间可根据口门过流状况、施工难易程度等因素确定。为了减轻灾害损失,尽快恢复生产,堵口料物、人员、设备备齐后,可以立即实施堵口。通常情况下,为减少堵口施工困难,多选在汛后或枯水季节,口门分流较少时进行堵复,但最迟应于第二年汛前完成。情况允许时,也可以选择汛期洪峰过后实施堵口。海塘堤堵口应避开大潮时间,如系台风溃口,台风过后利用落潮时实施抢堵。

### (二)定期进行水文观测和河势勘察

在封堵施工前,必须做好水文观测和河势勘查工作。要实测口门宽度,绘制口门纵横断面图,并实测口门水深、流速和流量等水文要素。可能情况下要勘测口门及其附近水下地形,勘查口门基础土质,了解其抗冲流速值。具体如下:

(1)水文观测。定期施测口门宽度、水位、水深、流速、流量等。

(2)口门观测。定期施测口门及附近水下地形,并勘探土质情况,绘制口门纵横断面图、水下地形图及地质剖面图。

（3）建立口门水文预报方案，定期作出水文、流量预报。

（4）定期勘查口门上下游河势变化情况，分析口门水流发展趋势。

**（三）选择堵口坝基线**

堵口前应先对溃口附近的河势、水流、地形、地质等因素做出详细调查分析，慎重选择堵口坝基线位置，在确定坝基线时必须综合考虑口门流势、口门附近地形地质、龙门口位置、老河过流情况、引河位置、挑水坝位置及形式、上下边坝位置等多种因素。坝基线位置选择合理，会减轻堵口难度，若选择不合理，则影响堵口进度，甚至造成前功尽弃的后果。

对于主流仍走原河道、堤防决口不是全河夺流的溃口，口门分出一部分水流，原河道仍然过流，堵口坝线应选在口门跌塘上游一定距离的河滩上。因为滩地地面较高，可以省工省料，堵复过程中水位壅高，有利于分流入原河道，减少口门流量。但滩面很窄时，应慎重考虑。如不能选择上游的河滩，堵口坝基线也应选在分流口门附近，这样进堵时部分流量将趋入原河，溃口处流量也会随之减小。但应特别注意，切忌堵口坝基线后退，造成入袖水流。因为入袖水流具有一定的比降和流速，在入袖水流的任何一点上堵塞，均需克服其上水体所挟的势能。1936年6月湖北省钟祥县汉江遥堤堵口失败，功亏一篑，固有天时因素，更重要的是堵口堤基线选择不当。遥堤堵口距旧堤溃口约10 km，入袖水流导致洪水位的进一步抬高，使堵口工程前功尽弃。

对于全河夺流溃口，为减少高流速水流条件下的截流施工难度，在河道宽阔并有一定滩地的情况下，可选择"月弧"形堤线，以有效增大过流面积，从而降低流速，减少封堵施工困难。因原河道下游淤塞，堵口时首先必须开挖引河，导流入原河，以减小溃口流量，缓和溃口流势，然后再进行堵口。堵坝基线位置的选择，应根据河势、地形、河床地质情况等决定。一般堵坝基线距引河口350~500 m为宜。若就原堤进堵，坝基线应选在口门跌塘的上游（见图6-3）；若河道滩面较宽，就原堤进堵时距分流口门太远，不利于水流趋于原河，则堵坝基线可选在滩面上。但是，在滩地上筑坝不易防守，只能作为临时性措施，堵口合龙后，应迅速修复原堤。

在堵口坝线上，选水深适当、地基相对较好的地段，预留一定长度作为合龙口，并在这一段先抛石或铺土工布护底防冲，两端堵复到适当距离时，在此集中全力合龙。

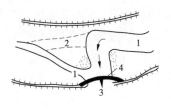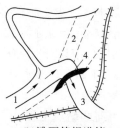

(a)原堤进堵　　　　　　　(b)滩面筑坝进堵

1—原河道;2—引河;3—溃口;4—堵坝基线

图6-3　堵口基线位置的选定

### (四)选择堵口辅助工程

为了降低口门附近的水位差,减少口门处流量和流速,堵口前可采用修筑裹头、开挖引河和修筑挑水坝等辅助工程措施。根据水力学原理,精心选择挑水坝和引河位置,以引导水流偏离口门,降低堵口施工难度。开挖引河是引导河水出路的措施,应就原河道因势利导,力求开通后水流通畅。引河进口应选在口门对岸迎流顶冲的凹岸,出口选在不受淤塞影响的原河道深槽处。在合龙过程中,当水位壅高时,适时开放引河,分泄一部分水流,可减轻合龙的压力。另外,合龙位置距引河口不宜太远,以求水位壅高时有利于向引河分流。为便于引河进水、缓和口门流势,应在引河口上游采用打桩编柳修建挑水坝,坝的方向、长度以能导水入引河为准。

1.修筑裹头

堤防一旦溃口,口门发展速度很快,其宽度通常要达 200 ～ 300 m,甚至更宽才能达到稳定状态,如湖北的簰州湾、江西九江的江心洲溃口都是如此。如能及时抢筑裹头,就能防止险情的进一步发展,减少封堵难度,及时抢筑坚固的裹头是堤防封堵口门的重要工作,是堤防决口封堵的关键之一。

2.开挖引河

对于堵塞发生全河性夺流改道的溃口,必须开挖引河时,引河进口的位置可选择在溃口的上游或下游。前者可直接减小溃口流量,后者能降低堵口处的水位,吸引主流归槽。若引河进口选择在溃口上游,则宜选择在溃口上游对岸不远的迎流顶冲的凹岸,对准中泓大溜,造成夺流吸川之势。如果进口无下唇,尚需修建坝埽,以助吸溜之力。引河出口应选在溃

口下游老河道未受或少受淤积影响的深槽处,并顺接老河。此外,应考虑引河开挖的土方量、土质好坏、施工难易程度等。在类似黄河这种游荡型河流上开挖引河,前人有"引河十开九不成"说法,故通常只能在堵塞夺溜决口时,由于下游河床淤塞才开挖引河,以助分流,一般不宜采用。

3.修筑挑水坝

设计有引河的堵口工程,可在引河进口上游修筑挑流坝(见图6-4),其作用有二:一是挑溜外移,减轻口门溜势,以利于进筑正坝;二是挑溜至引河口,使引河有一入袖溜势,便于引水下泄,以利于合龙。引河进口在溃口下游者,挑流坝应建在堵口上游的同一岸,挑流入引河,并掩护堵口工程。引河进口在溃口上游者,挑流坝所在河岸视情况而定,以达到挑流目的,通常多修建在引河进口对岸的上游。没有开挖引河的堵口工程,必要时也可在溃口附近河湾上游修建挑流坝,以挑流外移,减小溃口流量和减轻水流对截流坝的顶冲作用。

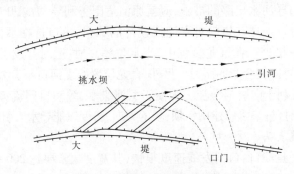

图6-4　堵口挑流坝示意图

挑流坝的长短应适中。过短则挑流不力,达不到挑流目的;过长则造成河势不顺,并可能危及对岸安全。若溜势过猛,可修建数道挑流坝,下坝与上坝的间距约为上一坝长的2倍,其方向以最下的坝恰能对着引河进口上唇为宜,不得过于上靠或下挫。

总之,引河、堵口线、挑水坝三项工程,要互相呼应、有机配合,才能使堵口工程顺利进行。如图6-5所示河工堵口平面示意图。

**(五)堵口方案与施工准备**

根据上述水文、口门上下地形、河势变化以及筹集物料能力等,分析研究堵口方案,进行堵口设计,对重大堵口工程还应进行模型试验。

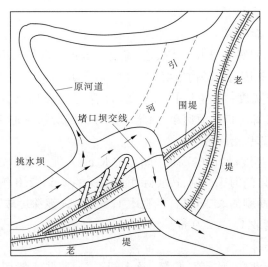

图6-5　河工堵口平面示意图

　　堵口施工要稳妥迅速。开工之前要布置堵口施工现场,并作出具体实施计划。必须准备好人力、设备,尽量就地取材,按计划备足料物。施工过程中要自始至终,一气呵成,不允许有停工待料现象发生,特别是在合龙阶段,决不允许有间歇等待现象。组织有经验的施工队伍,尽量采用现代化的施工方式,备足施工机械、设备及工具等,提高抢险施工效率。

　　（六）组织保障

　　堤防堵口是一项紧迫、艰难、复杂的系统工程,需要专门的组织机构负责组织实施。堤防发生决口后,应立即按照堤防溃口对策方案的要求,在采取应急措施的同时,由政府及防汛指挥机构尽快组成堵口总指挥部（包括堵口专家组）。堵口总指挥部应全面负责堵口工作,包括堵口工程方案、实施计划的制订,组织人员、筹集物资、设备;组织堵口工程施工等方面。堵口总指挥部应组织完备、纪律严明、工作高效,这是堵口顺利实施的有效保障。

　　（七）料物估算

　　堵口工料估算要依据选定的坝基线长度和测得的口门断面、土质、流量、流速、水位等,预估进堵过程中可能发生的冲刷等情况,拟定单位长度埽体工程所需的料物,从而估出厢修工程的总体积。根据黄河堵口经验,

估算料物的方法如下。

1. 埽占体积计算

埽占的体积等于埽占工程长度、宽度与高度三者的乘积。

（1）工程长度：按实际拟修坝基线长度计算。

（2）工程宽度：埽占上下为等宽，计算宽度按预估冲刷后水深的 1.2～2.0 倍计算。口门流速小、河床土质好，冲刷浅，可取 1.2～1.5 倍，否则取 1.5～2.0 倍。

（3）工程高度：埽占的高度为水上、水下、入泥三部分之和。水下深度：考虑进占口门河床冲刷，按实际测量水深的 1.5～2.0 倍计算，河床土质不好，易于冲刷的取 2.0 倍，否则取 1.5 倍。入泥深度取 1.0～1.5 m，水上出水高度取 1.5～2.0 m。

2. 正料计算

正料是指薪柴（秸、苇、柳等）及土、石等。薪柴一般用一种，不足时再用其他一种或两种，甚至多种。土或石也是如此。平均每立方米埽体约需秸料 80 kg、柳料 180 kg、苇料 100 kg。平均每立方米埽体约需压土 0.5 m³、用石 0.3 m³、用麻料约 10 kg。

3. 杂料计算

杂料是指木桩、绳缆、铅丝、编织袋、麻袋、蒲包等。木桩一般用柳木桩，要求圆直无伤痕。铅丝以 8 号及 12 号使用最多，用于捆枕和编笼。

## 三、堤防堵口截流

堵口方法主要有立堵、平堵、混合堵三种。平堵、立堵方法如图 6-6 所示。

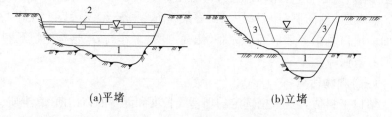

(a)平堵　　　　　　　　(b)立堵

1—平堵进占体；2—浮桥；3—立堵进占体

**图 6-6　平堵、立堵方法示意图**

堵口时具体采用哪种方法,应根据口门过流情况、地形、土质、料物储备以及参加堵口工人的技术水平等条件,综合考虑选定。

**(一) 立堵法**

立堵是由龙口一端向另一端或由龙口两端,沿设计的堵口坝基线向水中抛投堵口材料,逐步进占缩窄口门,最后留下缺口(龙门口),备足物料,周密筹划,抢堵合龙闭气。立堵不需在龙口架桥,准备工作简便,容易根据龙口水情变化决定抛投技术,造价也较低,为堵口中采用的基本方法。随着立堵截流龙口的缩窄,流速增长较快,水流速度分布很不均匀,需要单个质量较大的截流材料及较大的抛投强度,而截流工作前沿较狭窄,在高流速(流速大于 5 m/s)区,一般大体积物料(32～70 t 左右)抛料,以满足抛投强度。

采用立堵法,最困难的是实现合龙。这时,龙口处水头差大,流速高,采用巨型块石笼抛入龙口,以实现合龙。在条件许可的情况下,可从口门的两端架设缆索,以加快抛投速率和降低抛投石笼的难度。

此处以黄河下游过去常用的堵口方法加以说明。根据进占和合龙采用的材料、施工方法和堵口的具体条件,立堵法又可分为捆厢埽工进占和打桩进占两种。

**1. 捆厢埽工进占**

利用捆厢埽堵口是我国黄河上 2 000 多年来 1 000 多次堵口积累发展下来的经验。此法相当于陆地施工,施工方便、迅速,所用材料便于就地选取,且不论河底土质好坏,地形如何,都能与河底自然吻合,易于闭气,尤其在软基上堵口,具有独特的优点。

在溃口水头差较小、口门流势和缓、土质较好的情况下,可采用单坝进占堵合,即用埽工做成的单坝,由口门两端向中泓进占(见图 6-7)。坝顶宽度约为预估冲刷水深的 1.2～2 倍,最窄不小于 12 m。埽坝边坡为 1:0.2。坝后填筑 5～10 m 宽的后戗,背水坡的边坡系数为 3～5。

在溃口水头差大,口门流势湍急,且土质较差的情况下,可采用正坝与边坝同时进占,称为双坝进占。正坝位于边坝上游 5～10 m 处,两坝间填筑黏土,称为土柜,起隔渗和稳定坝身的作用。正坝顶宽 16～20 m,其迎水面抛石防护;边坝顶宽为预估冲刷水深的 1.0～1.5 倍,最窄不小于 8 m。

无论单坝进占或双坝进占,后戗必须随坝进占填筑,以免埽工冲坏。

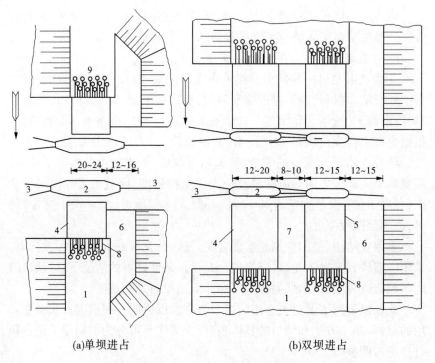

(a)单坝进占　　　　　　　　(b)双坝进占

1—原堤;2—捆厢船;3—锚;4—正坝;5—边坝;
6—后戗土;7—土柜;8—底钩绳;9—桩
**图6-7　堵口进占　（单位:m）**

当口门缩窄至上下水头差大于4 m,合龙困难或龙口坝占有被冲毁的危险时,可考虑在门口下游适当距离,再修一道坝,称为二坝,使水头差分为两级,以减小正坝的水头差,利于堵合。二坝也可用单坝或双坝进占,根据水势情况而定。此外,还可以在后戗或边坝下游围一道土堤,蓄积由坝身渗出的水,壅高水位,降低渗水流速,使泥沙易于停滞而填塞正坝及边坝间的空隙,帮助断流闭气,即所谓的养水盆。

合龙口门水深流急,过去常用关门埽筑合龙,但因埽轻流急,易遭失败。近年来改用柳石枕合龙,并用麻袋装土压筑背水面以断流闭气,比较稳妥。当水头差较小时,可用单坝一级合龙;当水头差较大时,可用单坝和养水盆,或正坝和边坝同时二级合龙;当水头差很大时,则更可用正坝、边坝、养水盆同时合龙。

## 2.打桩进占

一般土质较好,水深小于2~3 m的口门,在口门两端加筑裹头后,沿堵口坝线打桩2~4排,排距1.2~2 m,桩距0.3~1.0 m,桩入土深度为桩长的1/3~1/2,桩顶用木桩纵横相连。桩后再加支撑以抵抗水压力。在桩临水面用层柳(或柴草等)、层石(或土袋)由两端竖立向中间进占,同时填土推进。当进占到一定程度,流速剧增时,应加快进占速度,迅速合龙。必要时,在坝前抛柳石枕维护,最后进行合龙。

### (二)平堵法

平堵法一般是在选定的堵坝基线上打桩架设施工便桥,桥上铺轨,装运柳石枕、块石、土袋等,在溃口处沿口门宽度自河底向上层抛投料物,逐层填高,直至高出水面达到设计高度,以堵截水流。图6-8分别为山东省利津县宫家堵口截流和1969年长江田家口堵口截流坝断面图。这种方法从底部逐渐平铺抬高,随着堰顶加高,口门单宽流量及流速相应减小,冲刷力随之减弱,利于施工,可实现机械化操作。这种平堵方式特别适用于拱形堤线的进占堵口。

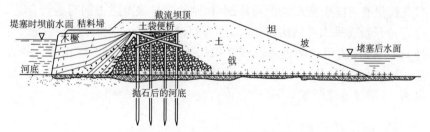

(a)山东省利津县宫家堵口截流坝断面图

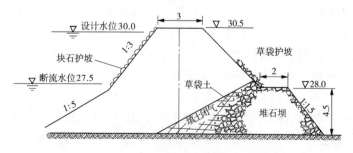

(b)1969年长江田家口堵口截流坝断面图

**图6-8　堵坝断面　(单位:m)**

平堵法多用于分流口门水头差较小、河床易冲的情况。按照施工方法的不同,又可分为架桥平堵、抛料船平堵、沉船平堵三种。抛料船平堵适用于口门流速小于 2 m/s 时,直接将运石船开到口门处,抛锚定位后,沿坝线抛石堆,至露出水面后,再以大驳船横靠于块石堆间,集中抛石,使之连成一线,阻断水流。沉船平堵是将船只直接沉入决口处,可以大大减小通过决口处的过流流量,从而为全面封堵决口创造条件。在实现沉船平堵时,最重要的是保证船只能准确定位,要精心确定最佳封堵位置,防止沉船不到位的情况发生。采用沉船平堵措施,还应考虑到由于沉船处底部的不平整,使船底部难与河滩底部紧密结合的情况,必须迅速抛投大量料物,堵塞空隙。平堵坝抛填出水面后,需于坝前加筑埽工或土袋,阻水断流,背水面筑后戗以增加堵坝稳定性和辅助闭气。

**(三)混合堵法**

当溃口较大较深时,采用立堵与平堵相结合的方法,可以互相取长补短,称为混合堵法。堵口时,根据口门的具体情况和立堵、平堵的不同特点,因地制宜,灵活采用。混合堵法一般先采用立堵进占,待口门缩窄至单宽流量有可能引起底部严重冲刷时,则改为护底与进占同时进行合龙。也有一开始就采用平堵法,将口门底部逐渐抛填至一定高度,使流量、流速减小后,再改用立堵进占。或者采用正坝平堵、边坝立堵相结合的方法。堵口合龙后,为了防止合龙埽因漏水随时有被冲开的危险,必须采取措施,使堵坝迅速闭气。

## 四、堤防堵口闭气

龙口为抢险堵口时预设的过流口门。龙口的宽度,在平堵过程中宽度基本保持不变;在立堵过程中龙口宽度随戗堤进占而缩窄,直至最后合龙。合龙后,应尽快对整个堵口段进行截渗闭气。因为实现封堵进占后,堤身仍然会向外漏水,要采取阻止断流的措施。若不及时防渗闭气,复堤结构仍有被淘刷冲毁的可能。一般的方法是在戗堤的上游侧先抛投反滤层材料,然后向水中抛黏土或细颗粒砂砾料,把透过堆石戗堤的渗流量减少到最低限度。土工膜等新型材料也可用以防止封堵口的渗漏。亦可采用养水盆修筑月堤蓄水以解决漏水。

### 五、堤防堵口复堤

堵口所作的截流坝,一般是临时戗起来的,坝体较矮小,质量差。达不到防御洪水的标准,因此在堵口截流工程完成后,紧接着要进行抢险加固,达到防御洪水的标准要求。汛后,按照堤防工程设计标准,进行彻底的复堤处理,堵口复堤示意图如图 6-9 所示。复堤工程的设计标准、断面、施工方法及防护措施有以下几方面要求:

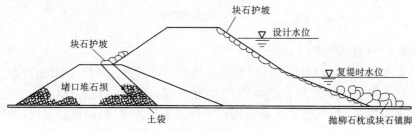

图 6-9　堵口复堤示意图

（1）堤顶高程。由于堵口断面堤质薄弱,堤基易渗透,背水有潭坑等弱点,复堤高度要有较富裕的超高,还要备足汛期临时抢险的料物。

（2）堤防断面。一般应恢复原有断面尺寸,但为了防止堵口存有隐患,还应适当加大断面。断面布置常以截流坝为后戗,临河填筑土堤,堤坡加大,水上部分为 1:3,水下部分为 1:5。

（3）护堤防冲。堵口复堤段,是新作堤防,未经洪水考验,又多在迎流顶冲的地方,所以还应考虑在新堤上作护堤防冲工程。水下护坡,以固脚防止坡脚滑动为主,水上护坡以防冲、防浪为主。

## 第三节　黄河传统堵口截流工程

实施堤防堵口,截流工程是最重要的工程,本节重点介绍黄河传统堵口（立堵法）的裹头、正坝、边坝、合龙、闭气等传统堵口截流工程。

### 一、裹头

裹头,就是在堵口之前先将口门两边的断堤头用料物修筑工程裹护

起来,防止继续冲宽、扩大口门,是堵口前的一项重要工程(见图6-10)。

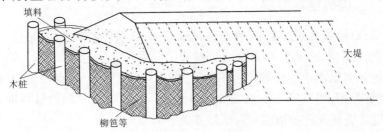

**图6-10　裹头示意图**

### (一)裹头方案

裹头是将决口口门两边的断堤头用抗冲材料进行裹护。它的作用一是防止堤头被冲后退,口门继续扩大,增加堵口难度;二是为埽工进占生根创造条件。裹头前必须制订切实可行的裹头方案,提前做好截流的各项准备。裹头方案需要研究确定裹头的时机、位置、预留口门宽度、裹护次序、方法等。

(1)裹头的必要性。裹头是否修做要根据口门流势确定。如口门已充分发展,溜走中泓,两边堤头均不冲塌,则无必要再专门修裹头,可以通过进占加以裹护;如溜偏下游堤头,有冲塌现象,而上游堤头不靠溜,甚至出浅滩,则仅裹护下游堤头而不必裹护上游堤头;如准备就堵,堵口在即,上下堤头仍受溜被冲,则上下均应赶修裹头。黄河历史决口多发生在汛期,堵口多在非汛期进行,堵口时口门流量较小,溜常偏下游堤头,因此应修单裹头,但一些老河工为安全起见,上下裹头多同时修建。

(2)裹头时机。堤防决口后原则上应立即将两堤头裹护,以防止口门扩大,控制口门过流,减少淹没损失。但过早裹头,堵口不能立即进行,则口门刷深,裹头有可能被冲垮,失去裹头作用。因此,裹头时机取决于三个因素:一是准备工作,二是后续洪水大小,三是距堵口时间的长短。核心问题是裹头安全。如准备工作充分、人料具备,可以早裹,即使有较大洪水或暂时不能堵口,口门有了较大刷深,也可通过抢险加固确保裹头安全。历史上,受条件限制,黄河汛期决口、非汛期堵口前根据情况修做裹头,汛末决口常赶做裹头。

(3)裹头位置。裹头位置一般在口门两边断堤头现状位置。有两种情况例外，一是决口时过流较大，口门迅速展宽，堵口前过流变小，断堤头前出滩，这时可先筑滩上新堤，至水边或浅水内，然后裹头，防止冲刷，此时裹头位置在口门内；二是口门发展迅速，裹头难以修做，这时宜从断堤头后退适当距离，开挖沟槽修做裹头，待靠溜后再抢险加固，称截裹头，此时裹头位置在口门外。

（4）预留口门宽度。历史上，一般在堵口前口门都得到一定程度的发展，尤其是全河夺流的口门，发展到一定宽度后流势比较稳定，展宽速度减弱，裹头后口门一方面发展受到限制，另一方面冲深也不致过于加大，有利于堵合。具体口门宽度依据上游来水、口门分流比及堵口时间等因素确定。

（5）裹护次序。一般将上游裹头称上坝头，下游裹头称下坝头。由于下坝头多顶流分水，故裹护次序为先下坝头后上坝头。如工料充足，亦可同时裹护上下坝头。

（6）裹护方法。裹头有三种修做方法：一是用搂厢裹护，二是用长枕裹护，三是搂厢与长枕结合裹护。无论采用哪种方法裹护都要求堤头正面要完善坚固，两端要有足够长度藏头护尾以防止正流回流淘刷。

在制订裹头方案时应对上述6个方面统筹考虑，综合比较，选择合理的裹头位置、裹头时机和裹头方法，发挥裹头作用，为堵口创造良好的进占条件。

**（二）裹头施工**

裹头要求坚固耐冲，能有效防止口门扩大。裹头长度应根据口门流势确定，除受正溜部位需要裹护外，上下游回溜段也要给予裹护，即做好藏头护尾，以保安全。裹头宽度一般15～20 m。裹头高度：水下考虑裹头后最大冲刷深度，水上出水1～2 m。施工要求如下：

（1）削坡打尖。将断堤头陡坡削至1∶1的边坡，上下游尖角削成圆头。目的是使裹护体与堤头紧密结合，防止溃膛险情发生。同时整修堤顶，使裹头有一平整开阔的施工场面。

（2）裹护顺序。裹护残堤头与厢埽同。首先必须藏住头，然后向下接续厢修，才能稳妥。所以，残堤头无论上斜或下斜，在坝头上跨角以上都靠溜时，上坝应先做上跨角以上埽段，然后接续下厢，接做裹头埽段；下坝一般是顶溜分水，比较吃重，应先厢修最紧要的顶溜分水堤段，并特别

注意用家伙要重些,以防出险,然后再向下游接修防护埽段,将溜势导引外趋。由于下坝受溜顶冲,淘刷严重,所以在做裹头时,如工料充足,能上下坝同时进行当然最好,否则应先在下坝头严重地区修护,然后再修他处。

(3)裹护方法。在堤头正面,一般都是用一整段大埽来裹护,其上下首加修崖埽、鱼鳞埽或耳子埽等,以维护首尾,防正、回溜冲刷。在做残堤正面的裹头时,应先将上跨的斜角打去,然后捆长枕,从上跨角到下跨角把残堤头整个护住。

裹头与上下首护埽均为丁厢,一般埽宽 7~10 m。但如修裹头与正坝进占相距时间不长时,也可将裹头埽段改为顺厢,以便于将来进占时,易于密切结合。如系丁厢,在进占时还须将衔接处丁厢部分扒去,改为顺厢,然后才能向前进占。

(4)截头裹。如从残堤头退后至适宜地段做裹头时,应先从老堤坝上挖槽,其深度最小在背河地面下 1~2 m,边坡为 1:1,槽底宽最少需要 4 m。厢修旱埽裹头的次序与上面所述不一样,可先做正面裹头埽,然后再做上下首的护埽。具体做法与一般抢险厢埽段相同。

(5)加固。裹头之后口门常会刷深,尤其是采用搂厢裹护后,底部会形成悬空,至一定程度后会发生局部墩蛰或前爬等险情,为此需要加固。一般采用抛枕加固法,抛枕出水 1.0 m 左右,如发现枕有下蛰现象可续抛加固。

## 二、正坝

正坝即堵口进占的主坝,是自裹头或进占前按坝轴线方向盘筑的坝头开始至龙门口一段坝基。由上裹头生根修的坝称上坝,由下裹头生根修的坝称下坝。

### (一)正坝方案

正坝是堵口骨干工程,必须有足够的御水能力,为此要求有一定的长度、宽度和高度,修筑时务求稳实,尽量减少出险。

在制订正坝修筑方案时必须确定好坝轴线。坝轴线一般有三种形式,向临河凸出者称为外堵,与原堤线一致者称为中堵,向背河凹入者称为内堵。外堵的形式运用最多,适用于口门前有滩地的情况。中堵适用于口门较小,或过流不大,或口门土质较好,或无法外堵等情况。内堵适用于无法外堵,中堵口门较深,土质不好,困难较大,而口门跌塘范围不大,水深较浅等情况。内堵兜水,修守较难,是不得已而为之,因此一般不采用。

外堵法采用较多是因为外堵法有许多优点。临河一般都有一定宽度的滩地,坝轴线选择余地大;滩地水深一般较口门处水深浅,易于进占筑坝;上坝可起挑溜作用,减少进入口门水量;下坝顶水而进可起分流作用,同样会减少进入口门水量;坝轴线可靠近老河或新河,水位抬高后有出路,减少进占和合龙压力;无入袖河势,埽体易于修筑,偶有下败也有调整余地。缺点是坝体迎水面(临河面)尤其是上坝迎水面冲刷较深,需要抛投大量料物,及时固根。

对于部分分流的口门,因原河道仍走河,正坝宜建于两河的分汊附近。这样两坝进堵、水位抬高之后,能将部分水流趋入正河,利于堵口施工。对全河夺流的口门,坝轴线与引河的距离既不能太远(远则不易起到配合作用),又不宜太近(近则对引河下唇的兜水吸流不利),一般以300~500 m为宜。如两岸均系新淤嫩滩,坝基线应选在口门跌塘上游。当河道滩面较宽时,若坝轴线仍选在靠近跌塘上游,距引河分流的进口太远,则水位必须抬高到一定程度才能分流下泄,这会使坝基承受较大的水头,易出现危险,这种情况宜在滩地上另筑围堤堵口。

**(二)正坝进占施工**

一般较大的堵口工程,正坝总长约500 m,宽度根据水深、流势确定,一般为水深的1.2~2.0倍,实用时从安全考虑,不得小于12 m,而且受船长限制不得超过25 m。如水深超过20 m,需加宽,可用抛枕等方法外帮。过去有人认为坝的高度一般应出水5 m,也有人认为应出水2 m。

正坝进占,每占长一般为17 m。如坝长及合龙口门宽已定,则上、下坝坝长不一定是17 m的倍数,而是必有一占小于17 m,此小占一般修在裹头上,称盘坝头或出马头,是正坝挂缆出占的基础,务求坚实。

进占前需做好各项准备工作,其中与进占直接有关的准备工作有以下几个方面:

(1)捆船。即对用于搂厢用的船进行修改加固,如拆除舵舱、加固船身、捆设龙骨等。其他用船如提脑船、揪艄船、倒骑马船、托缆船等也要做

适当加工。

（2）捆锚。对提脑、揪艄、倒骑马等受力较大的船所用铁锚要进行加固，以防意外。

（3）拉船就位。将五种船牵拉至设计位置。

（4）打根桩。根据布缆需要在坝面打各种绳缆根桩。

（5）布缆。包括占绳、过肚绳、底钩绳等。一端系于根桩上，一端活系于船的龙骨上，其中过肚绳由船底穿过。

正坝进占施工的主要步骤和工艺要点如下：

（1）编底、上料。捆厢船顺水流方向停靠于筑坝处，缆绳拴好后即可进占。先将各缆绳略微松开，撑船外移，使各绳均匀排列，再用若干小绳横向连接成网状，以控制绳距并防漏料，然后上料。船沿站若干人持长杆拦料，使占前料物整齐并便于下沉。

（2）活埽。新占上料高 3～4 m，与设计坝基顶平，这时需要使占前滚，即使占前进加长。方法是在埽前集中人员喊号跳跃（此称跳埽），使料一面下沉，一面前移。为防意外，捆厢船、提脑船和揪艄船在松缆绳时，均要掌握适度，密切配合。第一次活埽后，再上料，再活埽，如此经过 2～3 次，即可达到一占占长。当与预定长度差 2 m 时，在底钩绳上生练子绳，另一端亦搭于龙骨上，然后再加料至计划占长。活埽后埽高出水 1.0 m。进占时如水深流急、活埽效果不明显要多上人。当发现埽后可能钻裆时，在新埽后要加压花土。

（3）打抓子，安骑马。在两次活埽后，于第一次活好的埽面上下倒眉附近，每 2.5 m 打 1 副对抓子，并于腰桩拴系，目的是使上下倒眉间料不松动，占前头活埽时不影响其后埽内的稳定。另外在占上每 2 m 打拐头骑马 1 副，使新旧占紧密结合。在占长为 6 m 以上时拐头骑马改用倒骑马，并拉于上游倒骑马船上，防止新占下败。如此前进，直至计划占长。

（4）搂练子绳和底钩绳。将所有练子绳搂回埽面并拴于签桩上，同时搂 6～7 根底钩绳并经腰桩拴于埽后或老埽根桩上。已搂回的练子绳、底钩绳均用死扣活鼻还绳，以备下坯使用。

（5）压土紧绳。由埽两边压土成路，再至前眉，然后由前眉向后加压，压土厚度 0.1～0.2 m。压土后练子绳变松，要拔起签桩后拉再打入占肚，使绳变紧，以发挥搂护前料作用，至此底坯完成。

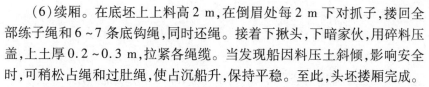

（6）续厢。在底坯上上料高 2 m，在倒眉处每 2 m 下对抓子，搂回全部练子绳和 6~7 条底钩绳，同时还绳。接着下揪头，下暗家伙，用碎料压盖，上土厚 0.2~0.3 m，拉紧各绳缆。当发现船因料压土斜倾，影响安全时，可稍松占绳和过肚绳，使占沉船升，保持平稳。至此，头坯搂厢完成。

在头坯埽面上上料高 2 m，打对抓子，搂练子绳、底钩绳并还绳，压土、紧绳、松过肚绳、占绳等，第二坯搂厢完成。如此进行，直至埽体"到家"，搂回所有占绳、底钩绳，追压大土，则一占即告完成。

第二占除不打过肚绳根桩及拴过肚绳外，其他均与第一占相同。最后一占金门占，除高度略高、下口略外伸、包角要加强，以及必要时加束腰绳搂护等外，其他与第一占基本相同。

正坝进占施工注意事项如下：

（1）每占头几坯应料多土少，后几坯应料少土多。埽末抓底前，先压小花土，土厚不全覆盖秸料，然后渐压大花土，土厚 0.2~0.4 m；埽抓泥后方可压大土，厚 0.5~1.5 m。以体积计，1 m³ 秸料压土 0.5 m³ 土。花料应分层打，2 m 料高可分 3~4 小坯，以达到密实。

（2）每占压大土后要调整过肚绳、占绳。调整幅度根据船的倾斜度和埽占出水高度，由掌埽人与占面管理人和捆厢船负责人商定。

（3）各种明家伙的根桩、顶桩，在埽末抓底前应打在新占上，抓底后应打在老占上，或隔一占的老占上。

（4）埽占包眉有铡料包眉、整料包眉、小枕包眉三种方法，依具体情况选用。

（5）运用家伙时，头几坯宜用硬家伙，中坯宜用软家伙，必要时兼用软硬家伙，埽占抓泥后宜用硬家伙。

（6）当一占完成后必须全面检查，确认稳定后再开新占，发现埽没有或全部到底，占前眉不平整等现象时，应慎重处理，以策安全。

（7）随时注意埽的上游侧冲刷情况，如走流较急、刷深严重，应采取抛枕等措施固根。

### 三、边坝

边坝就是修在正坝两边或一边的坝。根据位置不同，分为上边坝和下边坝。

（一）边坝方案

当正坝进筑到一定长度后，因水深溜急，再筑困难较大，这时就要开始修建边坝，用以维护正坝，降低正坝进筑难度。位于正坝迎水面外侧的边坝称为上边坝，其主要作用是逼溜外移，降低正坝受溜强度。在上边坝与正坝之间的土柜填筑后使得两坝连成整体，增强了御水能力。位于正坝背水面外侧的边坝称为下边坝，其主要作用是减轻回溜淘刷，维护正坝安全，降低进筑难度。在正坝与下边坝之间的土柜填筑后使得两坝也连成整体，除御水能力增强外，也有利于正坝闭气。

堵口修有正坝、上边坝和下边坝者称三坝进堵；如口门下游还修有二坝和二坝的上边坝则称为五坝进堵。用坝多少，由口门宽窄、水深大小、溜势变动、临背悬差等因素确定。上边坝因紧逼大溜，修筑较难，1910 年以后不再采用。下边坝有正坝掩护，修筑较易，土柜闭气效果较好，因此一般都予以采用。在制订堵口方案时，尤其是采用透水性极大的柳石搂厢进占筑坝时，下边坝不应轻易放弃。

（二）边坝进占施工

因上边坝已不采用，故现称边坝均指下边坝。

边坝长度取决于始修位置。一般在正坝开始进筑时，水浅溜缓，可不用边坝，只有在正坝下游侧回溜较大、后戗难以进筑时才开始修边坝，因此边坝长度一般都小于正坝长度。边坝宽度一般为水深的 1.0～1.5 倍，边坝出水高度约为水深的 3/5。

边坝也采取捆厢船进占修筑，其施工步骤和工艺要点同正坝。边坝与正坝之间的距离即是土柜宽度。过宽工程量大，过窄难以起闭气作用，根据经验，一般为 8～10 m。边坝后戗顶宽一般为 5～10 m，边坡 1:3～1:5，当水中浇筑时，受动水干扰，边坡可达 1:8～1:10。

由于土柜和后戗作用不同，填筑土料要求也不相同。土柜因用以隔渗闭气，需用黏性土，后戗因用以导渗，需用沙性土。

在正边坝进占期间，土柜、后戗均同时向前浇筑，一般比边坝后错半占。但正边坝合龙后土柜、后戗应协调浇筑，土柜浇筑过快，边坝合龙占可能被挤出；后戗浇筑过快，土柜内易生埽眼，处理困难。

## 四、合龙

截流工程从两端开始,逐渐向中间进占施工,最后在中间接合,称合龙,亦称合龙门。

### (一)合龙方案

合龙是堵口中最为关键的一项工程,稍有不慎就会导致堵口失败,历史上因合龙出问题而导致堵口失败的常有发生。因此,在制订堵口方案时对合龙工程要慎之又慎,实施前必须组织严密、准备充分,实施时统一领导、统一指挥、团结一致、一气呵成。

在制订合龙方案时需要研究解决的技术问题包括:合龙位置及宽度的选择;合龙方法的选择;正坝、边坝、二坝合龙次序的选择;合龙前及其合龙过程中的口门及老河或引河水位流量变化观测等。

(1)合龙位置的选择。合龙时所留口门称龙门口,位置确定主要考虑因素是口门附近河势流向、坝轴线处土质状况、距引河口距离等。当口门溜势基本居中、上下坝进筑比较均衡时,龙门口位置可选择在坝轴线中部附近;当口门溜势偏于口门下坝头、下坝进筑难度较大、甚至不能进筑时,则龙门口位置选择在口门下坝头附近;当坝轴线处的河床土质不均、存在较厚黏土层时,龙门口应尽量选择在黏土分布区,这时合龙会因冲刷变小而减少许多困难。龙门口位置靠近引河口有利于合龙壅水分流下泄。合龙位置的选择对合龙成功与否关系很大,应综合考虑,多方比较,慎重确定。

(2)龙门口宽度的选择。合龙需要一气呵成,不能间断,以防意外。龙门口过宽,筑坝任务减轻了,但合龙任务加大了,不利于一气呵成;龙门口过窄,筑坝任务重,防守困难,如合龙准备不足,时间延后,则位于龙门口两边的金门占长时间处于急流冲刷状态,安全受到威胁,也不利于合龙。因此,龙门口宽度应根据流势、土质、合龙方法及合龙时间等确定。根据经验,采用合龙占合龙时,因绳缆承载能力有限,龙门口宽度一般较小,大多不超过 25 m;采用抛枕合龙时,因枕对金门占本身有保护作用,口门可宽一些,但一般不超过 60 m。

(3)合龙方法的选择。合龙一般采用合龙埽和抛枕两种方法。合龙埽合龙能使龙门口短时断流,效果直观明显,但技术复杂,稍有疏忽便会

出事,危险性大。抛枕合龙稳打稳扎,步步为营,比较安全可靠,缺点是枕间透水性大,闭气比较困难,需要严加防护。

(4)合龙次序的选择。合龙除正坝需要合龙外,边坝、二坝都需要合龙,正坝是堵口的主体,应先合龙,边坝、二坝都是堵口的辅助工程,应稍后合龙,以降低合龙难度。正坝、二坝、边坝合龙间隔时间越短越好。

(5)水文观测。堵口前,在口门附近进行地形测量时,需在口门、老河、引河等位置设若干水文观测断面,开展水位流量观测。堵口过程中,一般每日观测2~4次,合龙时加密,必要时每小时观测1次,以指导堵口工作。根据口门过流变化,调整堵口进度和加固措施,根据口门合龙后下游过流量即闭气前口门渗水量调整闭气措施和速度。口门过流观测包括口门宽度、深度、上下游水位差等,为使观测计算准确,一般在口门下游水流比较平稳处设1~2个断面,以便校核。

**(二)合龙施工**

合龙方法主要有合龙埽合龙和抛枕合龙两种。正坝合龙两种方法均可采用,前者20世纪前普遍采用,后者20世纪后采用较多。边坝和二坝合龙一般都采用合龙埽合龙。现将正坝采用合龙埽和抛枕两种方法的施工步骤和工艺要点介绍如下。

合龙埽合龙施工适用龙门口宽10~25 m的情况,一般上口比下口宽2~3 m。具体步骤如下:

(1)合龙前准备工作。由于合龙事关堵口成败,难度较大,因此合龙前准备工作很多,要求很高,主要包括人员组织指挥调整、工具料物储备、口门检查与船只撤除、金门占前沿合龙枕的捆扎与安放、合龙缆和龙衣的布设等。合龙缆和龙衣的布设方法是:在两金门占上各打桩4排,称为合龙桩。将合龙缆拉过龙门口两端均活扣于合龙桩上,间距0.3~0.5 m,缆长133 m,然后用麻绳结网,此称龙衣。网眼呈方形,边长0.15~0.20 m,网的长宽与龙门口大致相等。网结成后用长杆做心,卷成捆状,由一岸放于合龙缆上,另一岸用引绳牵拉,将龙衣铺于合龙缆上。在铺放龙衣过程中,由数人横躺龙衣上,一边推卷前进,一边用小绳将龙衣与合龙缆扎紧,随滚随扎,直到对岸,此称滚龙衣。

(2)做合龙埽。先在龙衣上铺一层料,便于人员行走操作,然后分坯上料、分坯打花土,按坝轴线方向中间高、两边低,呈凸出形,至一定高度后打对抓子,五花骑马,上压土袋,也是中间高、两边低。如预估的埽高度可大于水深,可一次松绳即能使埽到位,则埽算做成。如预估松绳后埽不能到位,则松绳使埽接近水面,继续加厢,至大于水深高度,方法同前。

(3)松缆。这是合龙埽合龙施工中最紧张、最严肃的一项工作。松缆不好,可出现卡埽、翻埽等重大事故,故要求事前做好人员分工和训练,各负其责,听从号令,统一指挥,松缆速度、松缆长度都必须听锣音进行,不得有一点差错,同时控制骑马的船也要密切配合,以不使埽扭转下败,最终使埽平放入水,均匀下沉,直至到位。

(4)加厢。埽到位后,拴好合龙缆,继续上料,追压大土,直到高于两金门占为止,合龙方算结束。

抛枕合龙施工中,抛枕合龙龙门口可适当放宽至 30~60 m,以减轻进占难度。

抛枕合龙捆枕软料一般采用柳料。用柳捆枕,抢险加固埽体时可为散柳,合龙时则为柳把,使用柳把捆枕速度快,可缩短合龙时间。抛枕合龙步骤一般是捆柳把、捆枕、推枕、加厢等。具体步骤如下:

(1)捆柳把。柳把捆扎可在后方料场进行。捆扎后运至金门占码放备用。柳把直径为 0.15~0.20 m,长 10~16 m。用 18 号铅丝或细绳捆扎,间距20~30 cm。要求柳梢头尾搭压,表面光滑,搬运不折不断。

(2)捆枕。枕长一般 10~20 m,直径为 0.8~1.0 m,根据需要亦可适当变更。捆枕先在金门占前沿进行,先将占前顺水流方向放一枕木,按垂直水流方向每 0.4~0.7 m 放一垫桩,垫桩粗端搭于枕木上,使垫桩向口门倾料,坡度约1:10。每两垫桩间放一捆枕绳或 12 号铅丝。然后将4~5 条柳把铺于垫桩上,排石一半时于枕中间穿一长绳,此称龙筋绳,然后再排另一半石。排石时应大石在里、小石在外,排成枣核形。然后在石周围放柳把,用捆枕绳扎紧。

(3)推枕。先在金门占后老占上打 2 根桩,将枕两端的龙筋绳分别拴于桩上。每垫桩 1 人,听号令掀起垫桩将枕推抛于水下。推枕时因水深流急,应先推下首,后推上首,可控制枕被冲下移,但上下首入水时间不能间隔太长,否则会使枕站立翻倒或折断。另外,在枕下滚过程中,龙筋绳应予控制,一是使枕的上首不过早入水,二是使入水后的枕贴岸面,在枕入底前,龙筋绳始终保持一定紧度,过紧绳易断,过松则枕漂移。最后

根据龙筋绳的松紧度判定枕到位后,将绳活扣于桩上。

(4)加厢。待枕全抛出水0.5 m后,即应停抛,用料在枕上加厢,每坯料厢成后打对抓子、压大土、包眉,如此直至高出金门占为止。

## 五、闭气

正边坝都合龙后,占体缝隙还会透水,应赶紧浇土填筑土柜和后戗,使之尽快断绝漏水,称为闭气。

### (一)闭气方案

闭气指堵截合龙坝段渗透水流的工程措施。在进筑正坝、边坝过程中,正坝与边坝间的土柜及边坝背水面的后戗都要跟随进筑,因此透水问题已基本解决,唯合龙后因透水较大,需采取专门措施进行截堵,才能奏效。无论过去堵口或现在堵口,因不闭气导致功败垂成的例子很多,必须引起足够的重视。在制订闭气方案时,需要根据口门附近地形情况、合龙方式等选择合理的闭气方法并筹备相应工具、料物。闭气的基本方法有以下五种:

(1)边坝合龙法。边坝合龙视水流情况可采用合龙埽合龙,也可采用搂厢合龙,无论采用哪种方法合龙,都必须追压大土,同时赶修土柜和后戗。在正坝采用抛枕合龙时,还必须于临河侧大量抛投土袋或土袋加散土,以减缓水流渗入,降低边坝合龙难度。

(2)门帘埽法。在合龙段临河侧做一长埽,形同门帘,封闭透水。设计门帘埽需注意三点:一是门帘埽长度要超出合龙口门的宽度,目的是封堵合龙埽或枕与金门占之间的透水;二是门帘埽的深度必须全部达到要求,以封堵合龙埽底透水;三是合龙埽或枕顶部要追压大土,使其变形密实,堵塞透水。

(3)养水盆法。养水盆法闭气是在口门背河选择适当地点修一月堤,将渗水圈围,使口门临、背河水位持平,从而达到自行闭气。

(4)临河月堤法。临河月堤法是在合龙口门段临河先修一月堤,将口门圈围,然后填黏性土料,完成闭气。

(5)如果堵口时坝前流量较小,可直接填黏土(或土袋加黏土)闭气。

以上五种闭气方法各有优劣。边坝合龙法适用于有边坝的情况,单坝进堵则无此条件。门帘埽法虽能有效阻止透水,但修工较长,用料较

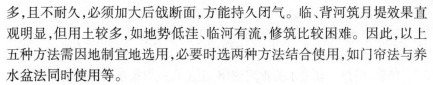

多,且不耐久,必须加大后戗断面,方能持久闭气。临、背河筑月堤效果直观明显,但用土较多,如地势低洼、临河有流,修筑比较困难。因此,以上五种方法需因地制宜地选用,必要时选两种方法结合使用,如门帘法与养水盆法同时使用等。

**(二)闭气施工**

由于闭气方法不同,施工步骤和工艺要点也不相同。现分别简述如下:

(1)边坝合龙闭气。边坝可采用合龙埽或搂厢合龙。合龙后如渗漏严重,应迅速浇筑土柜、后戗,于坝身追压大土,于合龙处临河抛填土袋。如渗漏不甚严重,则仅填筑土柜、后戗,也可辅以追压坝身大土。施工时视具体情况确定。

(2)养水盆法闭气施工。采用单坝进占堵口,或采用双坝进占边坝不合龙或合龙后渗漏仍较大时,可采用养水盆法闭气。

修筑养水盆即背河月堤的方法是首先选择地势较高处确定月堤轴线,然后由坝身生根填土进筑月堤,如水深较大,可先铺软料做底,再在其上填土做堤,最后于龙门口处进占合龙,后锁闭气。月堤高度一般应高于堵筑时临河最高水位 0.5 m 以上,如正坝用枕合龙,底部透水性较大,月堤高度应进行二次加高,至防洪水位。月堤顶宽与边坡应视水深、土质等确定。

(3)门帘埽闭气施工。门帘埽闭气施工适用于埽眼或缝隙渗漏比较大,边坝合龙或养水盆合龙比较困难的情况,因此是一种辅助性的闭气方法。当正坝合龙口门有水流冲刷时,也可兼做御水工事。它的修做方法与一般埽工无甚区别。

(4)临河月堤。临河月堤可用土料填筑,也可打桩厢料修筑,或可搂厢进筑。最终闭气侧依靠在月堤内填土。此法多用于抛石合龙平堵口门,施工也比较简单。

# 第四节　当代堵口技术

## 一、黄河汛期堵口技术

为适应黄河防汛抢险的需要,提高黄河防洪的技术水平,黄河防汛抗

旱总指挥部进行了堤防堵口新技术研究,利用新材料、新技术、新设备,对传统堵口技术进行了改进,现将其研究成果介绍如下。

**(一)上裹头方案**

随着新材料、新技术的推广应用,土工合成材料在河道整治工程中得到了较广泛的应用。近年来黄河上应用充沙长管袋水中进占筑坝、模袋混凝土用于护底护坡,管袋式软体排用于抢堵堤防漏洞等技术,取得了良好的效果。上裹头采用管袋式软体排,管袋内可充填土、砂子、石子等,半圆头用若干个上窄下宽的管袋式排相互搭接而成。顶部成半圆形,临河侧防护 100 m,作为藏头。背河侧防护 50 m,防止回流淘刷。上裹头工程平面布置如图 6-11 所示。

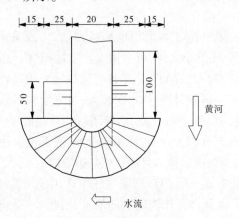

**图 6-11　上裹头工程平面布置示意图**　（单位:m）

**(二)下裹头方案**

(1)先在后退一定距离拟修裹头处的大堤临河侧 40 m 长的范围内,抛投大网兜土袋或巨型土工包,抛投后顶宽达到 10 m 作为将来搂厢的依托,并为搂厢作好藏头,同时进一步拓宽搂厢的工作面。

(2)部分修作搂厢。下裹头的正面及上跨角受水流冲刷较大,可在上跨角修作搂厢,外抛柳石枕;下跨角等其他部位以抛大柳石枕、大铅丝网石笼为主,各 5 m 宽。为了防止正溜和回溜淘刷,断堤头的临河堤坡 100 m、背河堤坡 50 m 要进行裹护,以藏头护尾。

(3)在搂厢之前先在堤顶挖槽至接近临河水位,临河侧先抛投部分

柳石枕以减缓水流的冲击。为使柳石枕能迅速落到底,要增加柳石枕的石料用量。然后再将底层搂厢做起,待靠水后继续加修。

（4）搂厢以柳石为主,可以充分利用就近险工上的备防石。软料用柳料,当筹集困难时,可用尼龙绳大网兜装秸料等代替。

（5）充分利用先进的运输机械,以及近几年来研制的抢险新机具等。如用大型自卸车运输石料、柳料、大网兜等;利用电动捆抛枕机、钢桩及快速旋桩机。充分利用机械设备工效高、强度大、能连续作业的优势,并辅以人工,从而大大提高抢险效率,做到快速、高效施工。下裹头工程平面布置见图 6-12。

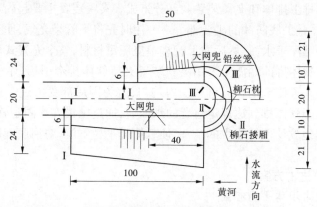

**图6-12 下裹头工程平面布置示意图** （单位:m）

## （三）护底方案

近代堵口有对河底采取防冲措施的记载,例如 1922 年利津宫家堵口用美制钢丝网片铺垫以防冲刷河床。郑州花园口堵口,也曾拟修筑护底工程,计划用柳枝、软草编织成宽柴排,上压碎石 0.5 m,防止冲刷河底。1958 年位山截流工程中采用了抛柳石枕护底的措施,并取得了较好的防冲效果。说明了堵口中采取护底防冲是一种必要的措施。

近年来在水利、水运等行业大量使用土工合成材料软体排护底,例如长江口采用大型铺设船进行软体排护底。黄河上因无法使用大型船舶,加之堵口时的特殊条件限制,无法进行单纯性的软体排放。为此,提出了能漂浮在水面上的充气式土工合成材料软体排的护底防冲方案。

充气式土工合成材料软体排基本构架是:软体排由上下两层管袋和

两层管袋间的一层强力土工合成材料构成。上层管袋作填充压重材料之用;下层管袋充气,其产生的浮力能承受填充压重材料等软体排的全部重量和少量施工人员及所携带小工具的重量。上下层管袋轴线相互垂直布置,在充气、填充压重材料之后,可使软体排有一定刚度,状如浮筏。充气式软体排尺寸大小确定受口门区的水流条件及施工设备制约,一般来说较大的软体排护底防冲效果好,但给施工带来困难。通过模型试验和解放军舟桥部队提供的可行性施工资料,最后确定充气式软体排在充起状态下总尺寸为:72 m×30 m×1.08 m(长×宽×高),排面积2 088.6 $m^2$,重量为11 545.9 kN,单位面积实际重量为5.5 kN/$m^2$。

软体排由排体和夹紧装置两部分组成。夹紧装置主要起固定和牵引作用,排体是护底防冲的主要部分。使用时先将下管袋充气,使整个软体排展开并漂浮于水面,然后向上管袋填充压重材料,整个充气式软体排即可形成。软体排前端需要采用夹紧装置夹持软体排牵引边,牵引的绳索通过夹紧装置使土工合成材料受力均匀,避免因局部受力过大造成软体排破坏。当软体排到达规定位置的水面后,通过抛锚方式固定软体排,然后有控制地放掉下管袋中的空气,使软体排平稳下沉,对河底起防冲护底作用。

**(四)进占方案**

1.进占坝体平面布置

堵口坝轴线位置根据口门附近水流、地形、土质等情况来确定,所以要做好口门附近纵横断面图、河床土质及水位、流量、流速等的测验工作。

根据历史堵口经验,堵口坝轴线宜布置在口门上游,并尽量避开口门的冲刷坑,以减少堵口进占难度和进占工程量。根据有关模型试验成果,堵口坝轴线选定在口门上游,呈圆弧形,顶点向临河凸出 80.0～140.0 m(距断堤轴线),如图6-13所示。

2.进占方案

根据"易操作、进度快,并能就地取材"的堵口工程技术要求,结合沿岸堤防险工有大量备防石料、沿岸堤防有 50.0～100.0 m 的淤背区的实际,黄河堤防堵口进占技术方案为采用自卸汽车运输大体积土工包、钢丝网石笼抛投入水进行进占立堵。这种进占方法,采用的土工包、钢丝网石笼,加工简单、储运方便,土料、石料可就地取材,机械设备普遍存在,进占

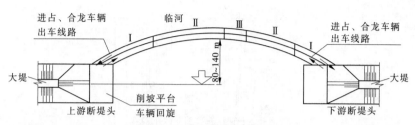

图 6-13　堵口平面布置示意图

体水下稳定性好、适应变形。

**（五）合龙方案**

历史上黄河堵口合龙大都是采用合龙埽或柳石枕进行，也有结合沉船、平堵进行的，成功都没有很大的把握。但认真分析研究每次堵口合龙的事例，也给人们很多的启示：柔性料物优于刚性体，单一的立堵或平堵不如混合方案可靠。

合龙时水深、流急，需要高强度地抛投大体积工程材料。根据目前的工程技术和施工手段，可以采取如下技术方案：在完成护底软体排铺放后，用船将充沙长管袋抛在护底软体排上，加强护底，且将水深变浅（起到平堵的作用），然后再抛投巨型铅丝网石笼立堵合龙。

**（六）闭气方案**

合龙后，由于巨型铅丝网石笼占体存在较大的空隙，龙门口还有较多的漏水，直接在占体后填土闭气比较困难，需要在占体采取闭气措施，减少占体漏水。

**（七）堵口工程组织实施**

1. 施工总体平面布置

根据决口堤段的实际情况和堵口施工的要求，堵口施工平面布置如图 6-14 所示，分述如下：

（1）施工道路：除利用堤顶道路（大部分已硬化）作为主施工通道外，可在大堤背河坡上开挖成 4 m 宽的临时道路通往附近的上堤路口，并作为空车返回道路。必要时，应对部分临时道路进行硬化，以满足施工的需要。

（2）裹头施工区：清除裹头堤段及临近 100 m 堤段内的树木等杂物，并将此范围内的堤防削低至超出洪水位 1.0 m，以扩宽堤顶至 20 m 左右，作为裹头的施工作业区。

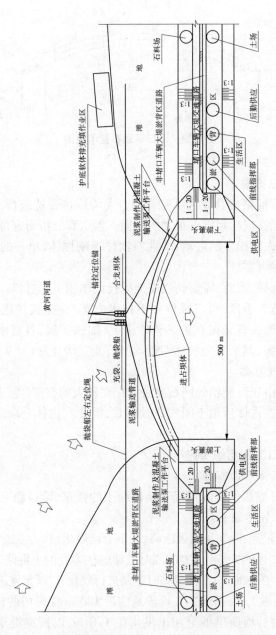

图 6-14 堵口施工平面布置示意图

（3）筑坝进占作业区：在口门两边临河滩地积水基本已退完时，及时在滩地上填筑筑坝作业平台，以满足进占施工需要。

（4）水上施工作业区：在口门附近河道内的缓流区，作为舟桥组拼、护底软体排充填泥浆制备的水上作业区，并在临近滩地上填筑施工平台。

（5）材料加工区：靠近口门的淤背区（宽 50～100 m）作为材料堆放加工区。

（6）生活区：设在淤背区。

（7）料场：石料取自口门附近险工备防石，必要时可从较近的石场运进；装填土工包、长管袋的土料取自附近淤背区的沙土；用于填筑后戗和用于临河闭气的土料取自淤背区的表层黏性土。

2. 实施步骤

根据堵口工程总体方案，按时间顺序，堵口的实施步骤如图 6-15 所示，叙述如下：

（1）发生决口后，立即关闭小浪底水利枢纽的所有闸门，相继关闭三门峡水利枢纽的闸门，拦蓄洪水。相继关闭故县、陆浑枢纽的闸门拦水，利用引黄涵闸分水，尽力减少堵口进占和合龙时的河道来水。

（2）同时，组织在离断堤头一定距离（间距 300 m，下游可后退多些）大堤的临河堆筑防冲体（铅丝网石笼、柳石枕或土袋），遏制口门发展速度。

（3）黄河防汛抗旱总指挥部组织成立堵口总指挥部，尽快制订堵口方案，编制堵口工程实施计划，着手组织人员和筹集物资、设备。

（4）同时，组织清除口门两侧 500 m 范围内的树木等杂物，并适当削低堤顶扩大场地；在堤的背河坡开挖施工道路；解决现场通信和照明。

（5）做好水文预报、口门区水流监测、冲刷情况观测等工作，为堵口方案的制订提供依据。

（6）从两断堤头后退一定距离（间距 500 m，下游可后退多些）开始裹头。

（7）在口门下游堤的临河侧选择一处较静的水域，组装、充填护底软体排。

（8）在裹头基本稳定时，按设计的坝轴线由两裹头进占堵口，在预定的龙口部位铺放软体排护底。

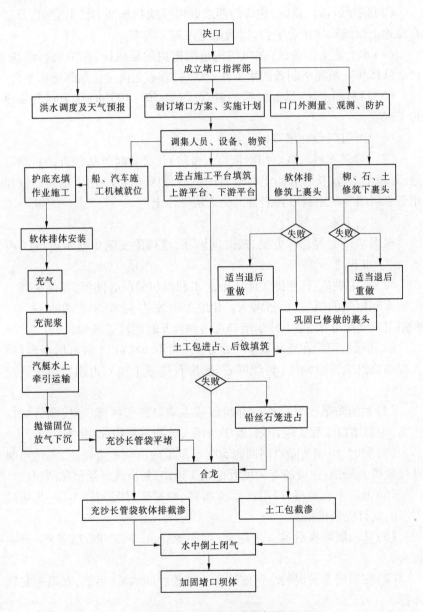

图 6-15　堵口实施步骤框图

（9）在护底软体排铺放完成后，在其上抛投充沙长管袋。

（10）抛投巨型铅丝石笼进行合龙。

（11）在合龙占体前抛投土工包和铺管袋式软体排截渗，占后填土闭气。

（12）进一步加固加高坝体使其满足防洪要求。

## 二、钢木土石组合坝封堵决口技术

人民解放军在 1996 年 8 月河北饶阳河段和 1998 年长江抗洪斗争中，借助桥梁专业经验，采用了"钢木框架结构、复合式防护技术"进行堵口合龙。该技术成果具有就地取材、施工技术较易掌握、可实现人工快速施工和工程造价较低的特点，荣获了军队和国家科技进步奖，现将其介绍如下。

### （一）基本原理及结构

钢木土石组合坝封堵决口技术是将打入地基的钢管纵向与横向连接在一起，用木桩加固，形成能承受一定压力和冲击力的钢木框架，并在其内填塞袋装碎石料砌墙，再用土工布、塑料布等材料进行覆盖，形成具有综合抗力和防渗能力的拦水堤坝。

#### 1. 基本原理

设计的钢木土石组合坝内的钢木框架是坝体的骨架，钢木框架在动水中是一种准稳定结构，它具有一种特殊的控制力，这种力能将随机抛投到动水中的，属于散体的袋装土石料集拢起来，并能提高这些散体在水下的稳定性，而它自身将随抛投物增多并达到坝顶时，其稳定状态就由准稳定变成真正意义的稳定，这就是钢木土石组合坝的原理。运用这个原理，可以根据决口处的水力学、工程地质、随机边坡等方面的资料，设计钢木土石组合坝用于封堵决口。一般采用弧形钢木框架集拢土石料，运用土工织物作防渗体，从而形成具有综合抗力和防渗能力的防护堤坝。

从受力情况看：

（1）钢管框架阻水面小，减缓了洪水对框架的冲击力。

（2）以钢管框架为依托，构筑了一个作业平台，为打筑木桩等作业创造了条件。

（3）钢木框架设计成弧形结构主要是为了提高合龙的成功率。因为

河道堤防决口,在决口处往往形成一道或几道较深的冲沟,如果直接跨过决口,堵口坝在深沟处就难以合龙。因水深、流速大,如果向上游一定距离填筑堵口坝,一来因过水断面大,流速就相对决口处要小一些,比较容易合龙;二来堵口坝可避开深沟流速大的弊端,提高堵口合龙的成功率。于是堵口坝在形式上就形成了向上游弯的拱形,简单说就是要避开较深的冲沟,避开较大流速,容易合龙。拱矢高可根据冲沟上延长度而定。

(4)可有效地将抛投物集拢在框架内,使之具有较强抗力,提高坝体的整体性和稳固性。

(5)背水面的斜撑桩和护坡对直墙坝体起到了加强与支撑作用。

2.基本结构

钢木土石组合坝的基本结构是由钢木框架、土石料直墙、斜撑和连接杆件、防渗层组成。这种结构的主要作用:一是钢框架阻水面小,减缓了洪水对框架的冲击力;二是以钢框架为依托,为打筑木桩、填塞等作业创造了条件;三是可有效地将抛投物控制在框架内,避免被洪水冲走,随着抛投物料的增加,累积重力越来越加强了坝体的稳定性,从而形成较稳定的截流坝体,使之成为具有较强抗力的坚固屏障。

(二)钢木土石组合坝的组成

钢木土石组合坝是在洪水急流的堵口位置先形成上、中、下三个钢管与木桩组成的排架,接着用钢管将上、中、下三个排架连接成一个三维框架,随后将袋装土石料抛投到框架内。当框架被填满时即成为堵口建筑物的主体。在坝体上游侧设置一块足够大的土工织物作防渗体,钢木土石组合坝即可用来堵口截流达到防洪目的。这样形成的堵口建筑物,它改变了传统的以抛投物自然休止形成戗堤模式的堵口,很大程度上靠三维框架体的重力,而不是靠洪水急流、口门边界条件及抛投物等参数来支持结构的稳定,但是抛投物在动水中定位,仍然是呈随机性,使此坝的分析较之一般土石坝更为复杂。

钢木土石组合坝的稳定性与口门的行近流速、水深等外部因素及坝基宽度、钢管排架数量、圆木桩数量、土石料数量等内部因素密切相关。

(三)钢木土石组合坝平面布置

一般情况下河道堤防决口处,因水头高、流速大,该处的冲刷深度较离口门稍远处要大,显然要在决口处实施堵口工程就困难得多。为避开

原堤线决口处的不利因素,使之顺利堵口,工程上常用月牙堤(拱形轴线
戗堤)予以解决。具体讲就是将堵口戗堤按圆拱、抛物线拱或其他形式
的拱轴线布置堵口坝。按拱轴线布置堵口戗堤,既符合工程力学原理,又
可避开决口冲刷的深坑,使工程顺利建成。在诸多形式拱轴线中,以抛物
线拱较合理。

**(四)钢木土石组合坝堵口戗堤的施工方法**

(1)在实施堵口时,先沿决口方向偏上游一定距离植入第一排钢管
桩,钢桩间距1 m,再在其下游2.5 m距离按相同方向和间距植入第二排
和第三排钢管桩,上述钢管桩均打入地基1.5 m左右,当植完三排纵向钢
管桩之后,下三层水平连接。至此,三维钢管框架形成。此后用木桩加固
上述三排纵向钢管桩,木桩入土中也是1.5 m,并用铅丝将木桩和钢管桩
捆结实。木桩间距:第一排间距为0.2 m、第二排间距为0.5 m,第三排间
距为0.8 m。至此,三维钢木框架即告建成。

(2)接着用人工将碎石袋装料抛投到钢木框架内填至坝顶后首段钢
木土石组合坝即告建成。整个堵口工程是逐段设钢木框架随之填袋装碎
石,再向前设钢木框架并随之填袋装碎石,直至最后封堵口门实现合龙。

(3)当行将合龙的口门两侧距离为15~20 m时,钢木框架结构不
变,为加强框架的支撑力,在框架的上、下游两侧加设40°的斜杆支撑件,
斜杆间距上、中、下三排分别为0.5 m、0.8 m、1.2 m,斜杆布设后快速抛
投填料,以便最后合龙。

(4)对已填筑的钢木土石戗堤用同种土石袋料进行上、下游护坡砌
筑,并于上游侧形成的不小于1∶0.5边坡上铺设两层PVC土工织物(中
间夹一层塑料薄膜),作为堵口坝的防渗层。当口门水深不超过3 m时,
该防渗层两端应延伸至口门外原堤坡面8~10 m,并用2~3 m厚的黏性
土跨防渗层PVC的边2 m(决口范围增至4~6 m)压坡脚。

**(五)作业方法步骤**

在这项技术运用实践中,分如下四个阶段组织施工。

1.护固坝头

护固坝头俗称裹头,通常分三步进行:

第一步,根据原坝体的坚固程度和现有的材料,合理确定其形式。如
原坝体较软,应先从决口两端坝头上游一侧开始,围绕坝头密集打筑一排

木桩,木桩之间用 8 号铁丝牢固捆扎。

第二步,在打好的木桩排内填塞袋装土石料,使决口两端坝头各形成一道坚固的保护外壳,制止决口进一步扩大。

第三步,设置围堰。护固坝头后,应在决口的上游 10～20 m 处与原坝体成 30°角设置一道木排或土石围堰,以减缓流速,为框架进占创造有利条件。若决口处水深、流急、条件允许,也可在决口上游 15～20 m 处,采取沉船的方法,并在船的两侧入间隙处设置围堰。

如是较坚硬的坝堤,在材料缺乏的情况下,也可以用钢管护固坝头,然后用石料填塞加固。

2. 框架进占

框架进占通常分五步实施。

第一步,设置钢框架基础。首先在决口两端各纵向设置两级标杆,确定坝体轴线方向,然后从原坝头 4～6 m 处坝体上开始,设置框架基础。先根据坝顶和水位的高差清理场地,而后将钢管前后间隔 1～2 m、左右间隔 2～2.5 m 打入坝体,入土深度 2 m 以上,顶部露出 1 m 左右。然后,纵、横分别用数根钢管连接成网状结构,并在网状框架内填塞袋装石料,加固框架基础,为进占建立可靠的"桥头堡"。

第二步,框架基础完成后,设置钢框架,按 4 列桩设计,作业时将 8 根钢管按前后间隔 1～1.5 m、左右间隔 2～2.5 m 植入河底,入土深度 1～1.5 m,水面余留部分作业护栏,形成框架轮廓。框架的尺寸设计是根据水流特性和地质及填塞材料特性而确定的。然后,用 16 根钢管作为连接杆件,分别用卡扣围绕立体钢桩,分上、下和前、后等距离进行连接,形成第一框架结构,当完成两个以上框架时,要设置一个 X 形支撑,以稳固框架;同时,用丁字形钢管在下游每隔一个框架与框架成 45°角植入河底,作为斜撑桩,并与框架连接固定。最后在设置好的框架上铺设木板或竹排,形成上下作业平台,以便于人员展开作业。

第三步,植入木桩。首段钢框架完成后即可植入木桩。其方法是将木桩一端加工成锥形,沿钢框架上游边缘线植入第一排木桩,桩距 0.2 m;沿钢框架中心线紧贴钢桩植入第二排木桩,桩距 0.5 m;最后,沿钢框架下游植入第三排木桩,桩距 0.8 m。木桩入土深度均不小于 1 m。若洪水流速、水深不大,除坝头处首段框架和合龙口外,其余可少植或不植入

木桩。缩小钢桩间距的方法在实践中效果也比较可靠。

第四步,连接固定。用铁丝将打筑好的木桩分上下两道,连接固定在钢框架上,使之形成整体,以增强框架的综合抗力,如木材不能满足时也可以加密钢桩,防止集拢于框架内的石料袋流失。

第五步,填塞护坡。将预先装好的土、石子袋运至坝头。土石子袋要装满,以提高器材的利用率,并适时在设置好的钢木框架内自上游至下游错缝填塞,填塞高度为 1~2 m 时,下游和上游同时展开护坡。护坡的宽度和坡度要根据决口的宽度、江河底部的土质、流量及原堤坝的坚固程度等综合因素确定,通常情况下成 45°,坡度一般不小于 1∶0.5。

当戗堤进占到 3~6 m 时,应在原坝体与新坝体结合部用袋装碎石进行加固(适时填塞可分 4 路作业),加固距离应延伸至原坝体 10~15 m。根据流速、水深和口宽还可以延长。

3. 导流合龙

合龙是堵口的关键环节,作业顺序通常按以下五步实施:

第一步,设置导流排。当合龙口宽 15~20 m 时,在上游距坝头 20~30 m 处与坝体约成 30°角,呈抛物线状向下游方向设置一道导流排,长度视口门宽度而定,并加挂树枝或草袋,也可用沉船的方法,以达到分散冲向口门的流量,减轻合龙口的洪水压力。

第二步,加密设置支撑杆件。导流排设置完毕后,为稳固新筑坝体,保证合龙顺利进行,取消钢框架结构中框架下部斜撑杆件间隔,根据口宽和流量、水深,还可以增加戗体支撑,以增强钢框架抗力。

第三步,加大木桩间距。为减缓洪水对框架的冲击,合龙口木桩间距加大:第一排间隔约 0.6 m,第二排间隔约 1 m,第三排间隔约 1.2 m。

第四步,快速连通钢木框架,两侧多点填塞作业,提高合龙速度。

第五步,分层加快填塞速度。合龙前,在口门两端适当位置提前备足填料,缩短传送距离,合龙时,两端同进快速分层填料直至合龙。

4. 防渗固坝

对钢木土石组合坝戗堤进行上、下游护坡后,在其上游护坡上铺两层土工布,中间夹一层塑料布,作为新筑坝的防渗层。防渗层两端应延伸到决口外原坝体 8~10 m 的范围,并压袋装土石放于坡面和坡脚,压坡脚时,决口处应不小于 4 m,其他不小于 2 m。

合龙作业完成后,应对新旧坝结合部和拢合口处进行重点维护,除重点加固框架外,上下游护坡亦应不断加固。

# 第五节　堵口实例

## 一、黄河花园口堵口工程

### (一)决口概况

1938年国民党军队为阻止日本侵略军进攻,于6月9日扒开郑州市北郊花园口黄河大堤,使黄河改道,溃水向东南流,漫经尉氏、扶沟,分为东西两股,东股沿太康、鹿邑入涡河、浉河,西股沿扶沟、西华入贾鲁河、沙河、颍水,东西两流汇注于淮河,横溢洪泽、高宝诸湖,到达长江。洪水泛滥于豫、皖、苏3省44个县,面积共为2.9万$km^2$,受灾人口613.5万。抗日战争胜利后,1946年3月1日花园口堵口工程开工,1947年3月15日实现合龙,5月堵口工程全部竣工,历经1年零3个月,黄河水复回故道。

### (二)堵口方案

**1. 东坝**

口门东边的断堤头称为东坝。东坝头以下因旧堤残缺,补修新堤长1 150 m。为了在水中进占筑坝,首先将断堤头盘筑成裹头,由裹头向水中进占筑坝长40 m,作为东桥头平堵的基地。

**2. 西坝**

口门西边的断堤头称为西坝。自断堤头起,向前填土筑新堤长800 m,接新堤向水中进占355 m,埽宽10 m。以新堤为基础,又前进20 m,并盘筑裹头,作为西桥头平堵的基地。

**3. 截流大坝**

由东西两裹头接修截流大坝,长400 m。修筑步骤和方法如下:

(1)做护底工程。用柳枝、软草编成宽450 m、长40 m、厚0.5 m的柴排,顺水平铺于口门之间,上压碎石厚0.5 m,防止冲刷河底。于护底工程下游的浅水处,打小木桩一排,在深水处改打长桩2~3排,共23 m,视水深浅而定,桩间纵横铺镶柳枝,层层压石,出水1 m为宜。

(2)打桩架桥。在护底工程上打排桩架桥,桩长10~20 m,每6根为

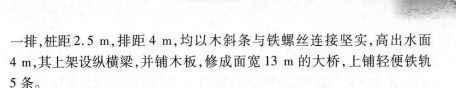

一排,桩距 2.5 m,排距 4 m,均以木斜条与铁螺丝连接坚实,高出水面 4 m,其上架设纵横梁,并铺木板,修成面宽 13 m 的大桥,上铺轻便铁轨 5 条。

(3)向桥下抛石平堵合龙。桥下抛石坝前水位抬高后,改抛长 7 m、直径 0.7 m 的柳石枕,最后抛至高程 88 m,临河坡 1:1.5,背河坡 1:3。

(4)引河。开挖引河南北两条,南条引河长 4.73 km,北条引河长 5.38 km,以下汇为一股,长 2.67 km。

**(三)堵口工程实施**

1.架桥平堵 3 次失败

1946 年 2 月,国民党政府成立了黄河堵口复堤工程局,实施堵口工程,开始时进展顺利,但 6 月 28 日发生第一次洪峰,陕县流量 4 350 m³/s,7 月中旬东部 44 排桩全被冲走,堵口失败。

汛期过后,在下游 350 m 处另修新桥,但工程刚刚开始,又遇涨水,新打的桩被水冲走,打桩机船险遭倾覆之祸。

11 月初,水落流缓,遂又回旧线重新打桩架桥平堵。11 月 11 日补桩完工,桥又修复。12 月 15 日,桥上铁路通车,开始大量抛石,至 17 日,桥上、下水位差 0.7 m,流速增大,20 日晨,栈桥再度冲断,堵口又失败。

2.埽工立堵成功

埽工立堵主要采取以下措施:

(1)改造加固进占大坝。用柳枝、块石、绳索等材料把残存石坝、栈桥改造成堵口正坝,于正坝前抛大柳石枕,以防底部水流淘刷。

(2)在正坝下游 50 m 加厢一道边坝。在正坝、边坝之间,由东坝头向西,西坝头向东,每隔 20 m 或 40 m 处,添修横格坝一道,顶宽 8 m,各格坝之间以土浇填,作为土柜。并于边坝下游浇筑土戗,最终使整个大坝顶宽达到 50 余 m。

增挖 4 道引河,可下泄流量 360 m³/s,连同原有的两条引河,约可分全河流量的 1/2。

(3)接长及增修挑水坝。于西坝新堤第 6 坝接长 250 m,坝顶宽 10 m,成为挑水坝,把大溜挑离岸脚,趋向引河口。

(4)抛填合龙。上述各项工程完成后,龙门(口门或称金门)形成了长 50 多 m、宽 32 m 的龙门口,水深 10 m 以上。

3月8日引河放水,在龙门口上口两端对抛钢筋石笼(1 m×1 m× 1 m),在龙门口下口两端对抛柳石大枕。到3月15日4时,龙门口抛出水面,正坝合龙。随后在边坝口进行埽工合龙,并在正坝临水面加厢门帘埽,长17~18 m,共4段,于4月20日完全闭气,大功告成。

**(四)堵口过程**

第一期(1946年3~6月):工程开始进展顺利,5月初即已按照最初计划将两坝工程修筑完成。随后赶打桥桩,6月21日桥成,因桩工未及固护,又值伏汛骤至,致东段冲毁180 m。

第二期(1946年7~9月):此期正当伏秋大汛,工程未能进展,仅抛石2万余 m³,保护未冲桩工。

第三期(1946年10月至1947年1月15日):汛后依照辅助工程计划,积极推进,终于12月11日全桥打通,抛石平堵。随着抛石高度的增加,上游水位抬高,又遇凌汛水涨,大溜集中,冲成缺口并不断扩大,平堵方法不能继续进行。

第四期(1947年1月15日至3月15日):堵口工作改用合龙办法。利用石坝为堵口正坝,金门上处复建浮桥一道,金门内采用推下柳辊法合龙。四道引河,同时开放,分全河流量的2/3。经全力抢险,终于15日晨4时合龙。

第五期(1947年3月15日至全部完工):正坝合龙后,下边坝亦合龙。当即浇填土柜截护,然后在金门上口厢做秸料门帘埽,赶浇前戗闭气。再在上游20 m处厢做边坝,以御风浪,外边坝与正坝之间,用土填平闭气。

## 二、山东省利津县五庄决口堵复

**(一)决口概况**

五庄位于山东省利津县黄河左岸,距黄河入海处70多 km。1955年1月,黄河下游出现了严重的凌汛灾害。1月26日高村站出现了2 180 m³/s凌峰,沿程凌峰随着槽蓄水的急剧释放不断加大,艾山、泺口、杨房站凌峰流量达3 000 m³/s左右。王庄险工一带河道冰质坚硬,上游来冰大量在王庄险工以上集结,主要分布在麻湾到王庄险工一段,形成长达24 km的冰坝。王庄险工上游利津站水位上涨了4.29 m,最高水位达

15.31 m(大沽),超过当年保证水位 1.5 m。

29 日 21 时左右,利津五庄大堤 296 + 180 处,背河柳荫地多处冒水,虽经全力抢护,最终于 29 日 23 时溃决,口门迅速扩宽到 305 m,最大过流约 1 900 m³/s,口门水深达 6 m。正当五庄村西紧急抢险之时,下游村东大堤 298 + 200 处背河堤脚也出现漏洞,几次抢堵不成,堤顶塌陷 2 m 多,于 31 日 1 时发生溃决。

两股溃水汇合后,沿 1921 年宫家决口故道经利津、沾化入徒骇河。受灾范围东西宽 25 km,南北长约 40 km,利津、滨县、沾化 3 县 360 个村庄,17.7 万人受灾,淹没耕地 6 万 hm²,倒房 5 355 间,死亡 80 人。

**(二)决口原因**

博兴县麻湾险工至利津县王庄险工 30 km 的河道,堤距一般 1 km 左右,最窄处小李险工仅 441 m,具有窄、弯、险的特点,麻湾、王庄险工坐弯几乎成 90°,一旦卡冰,水无泄路。该河段水位陡涨极易出险,历史上曾多次决口。五庄村堤段位于该河段上首麻湾险工对岸的利津县黄河左岸,1954～1955 年度黄河凌汛期气温低、封河早、封冻河段长、冰量大,开河时利津河段形成冰坝,导致水位滩地壅高,堤防背河出现漏洞,险情发展很快,加之天寒地冻,取土困难,经多次抢堵不成功,最终导致堤防决口。

**(三)堵口过程**

决口发生后,在积极抢救安置灾民的同时,迅速组建了堵口机构筹备堵口。

2 月 6 日,实测上口门出流量约占 57%,下口门出流量约占 15%。根据先堵小口后堵大口的原则,于 2 月 9 日先在过流量少的下口门进水沟沉挂柳枝、树头缓溜落淤,并堵塞滩地串沟。当串沟过水小时,在沟的最窄处,用搂厢埽截堵断流,随即堵合大堤口门,新堤与旧堤之间插尖相接,新堤口门段宽 14 m,高出保证水位 3.5 m。

上口门进水沟口宽约 170 m,截流之前先在滩唇修做柳石堆 4 段,以防止刷宽,又在沟前沉柳落淤,至 3 月 6 日实测,沟口平均水深已由 4 m 减为 1.8 m,平均流速降至 0.6 m/s,沟口流量由 360 m³/s 减为 100 m³/s。3 月 6 日从滩地进水沟口处开始进占截流,6 000 余人从东西两岸正坝同时进占,3 月 9 日边坝相辅进占。至 3 月 10 日,龙门口宽度 12 m。11 日

7时30分,开始进行合龙,在正坝龙门口分抛苇石枕,两面夹击,抛至10时15分,枕已露出水面,接着于枕上压土加料,用蒲包装土抛护枕前,正坝合龙告成。15日边坝下占合龙,土柜、后戗浇筑同时进行,12日闭气,又进行加固,至13日15时,截流工程全部完成。

## 三、长江九江决口堵复

1998年汛期,长江流域发生了1954年以来的又一次全流域性大洪水。6~8月,从东南到西北,从下游到上游,反反复复多次发生大范围降水,干支流、湖泊水位同时上涨,在长江干流共形成了8次洪峰,中下游大部分站超过了有记录以来的历史最高洪水位。

### (一)决口概况

长江大堤九江城区段4~5号闸门之间为土石混合堤,大堤迎水面建有浆砌块石防浪墙,防浪墙前有一层厚20 cm的钢筋混凝土防渗墙。1998年洪水期间,九江段超警戒水位时间长达94 d,超历史最高水位时间长达40 d。8月7日12时45分堤脚发生管涌,14时左右大堤堤顶出现直径2~3 m的塌陷,不久大堤被冲开5~6 m的通道,防渗墙与浆砌石防浪墙悬空,14时45分左右防浪墙与浆砌石墙一起倒塌,整个大堤被冲开宽30 m左右的缺口,最终宽达62 m,最大进水流量超过400 m³/s,最大水头差达3.4 m。

### (二)决口原因

决口原因主要有以下几个方面:一是江堤(包括防洪墙)基础处理不好,堤身下有沙质层;二是防洪墙水泥质量差,钢筋(直径6 mm)少且分布不均匀;三是某单位在决口处下侧未经批准修建一座码头,顶撞江水形成回流,淘刷江堤基础,形成漏洞;四是疏于防守,抢护不及时,溃口前没人防守。

### (三)堵口过程

#### 1.堵口措施

九江大堤抢险堵口采用的主要技术措施是:在决口外侧沉船并抢筑围堰(第一道防线),以减小决口处流量;在决口处抢筑钢木土石组合坝,封堵决口(第二道防线);在决口段背河侧填塘固基,并修筑围堰(第三道防线),防止灾情扩大。

238

2.堵口过程

8月7日17时,首先将一艘长75 m、载重1 600 t的煤船在两艘拖船的牵引下成功下沉在决口前沿,并在煤船上下游沿决口相继沉船7艘,有效地减小了决口流量,阻止了江水的大量涌出。随后,沿沉船外侧抛投石块、粮食、砂石袋等料物,并在船间设置拦石钢管栅,逐步形成挡水围堰——第一道防线,决口流量明显得到控制。8月9日,在继续加固第一道围堰的同时,运用钢木土石组合坝技术抢堵决口。8月10日下午,组合坝钢架连通,并抛填碎石袋,形成第二道防线——堵口坝体,决口进水流量进一步减小,但仍有50～60 m³/s。由于龙口逐渐减小,洪水冲刷加剧,已抢筑的组合坝体出现下沉。11日上午,对第一道防线挡水围堰加高加固,第二道防线全力抢筑组合坝及坝体后戗。至12日下午,钢木土石组合坝合龙,堵口抢险取得决定性胜利。之后,采取黏土闭气法,抛投黏土,于15日中午闭气。为确保万无一失,抢险工作转入填塘固基和抢筑第三道防线阶段。20日18时,填塘固基工程和抢筑第三道防线工作完成,至此历时13个昼夜的堵口抢险工作全部结束。

## 四、汉水王家营堵口

### (一)决口概况

王家营堤段位于湖北省钟祥县汉水下游上段左岸,历来是汉水防洪的险要堤段。1921年7月上旬汉水上游发生暴雨,12日丹江口出现洪峰,洪峰流量推算为38 000 m³/s,是1583年以来汉水发生的最大洪水。洪水期间,王家营堤段发生溃口,口门全长5 240 m,主要过流段1 100 m,溃口水量淹没汉北平原,殃及钟祥、天门、汉川等11个县,损失惨重。汛后地方政府组织数千人堵口,历时50余d,堵口成功。

### (二)堵口过程

王家营决口堤段基础土质主要为粉细砂,口门冲深达3～4 m(地面以下),洪水不断向汉北地区倾泄。本着"因势制宜、就地取材"的原则,堵口采取立堵平堵结合、桩桥合龙的堵口措施。

堵坝施工方法如下:

(1)选择堤线。考虑合龙与堤线的要求,选在地基较好、水流较缓、水深较浅地带。

（2）两端进占。就近取土做新堤，堤高出水面1 m多，土方49万 m³。

（3）打桩填埽。向中央进占，口门渐窄，流速加大，引起冲刷时，沿堤边线上下游各打桩1排，桩长8 m，入土4.5 m，沿桩填埽以阻水溜，埽内填土。每日收工前在端头加作埽工裹头防冲。

（4）埽工。分泥埽与清埽，前者以绳索数根上铺芦柴一层，加土约350 kg，捆成直径45 cm、长3~3.5 m的圆捆，两端填实，用于深水区；后者捆法与泥埽相似，重50余 kg，成青果形，适于浅水区。

（5）龙口打桩架桥。口门收缩到预定地段（宽64 m）时，在龙口上打桩1排分水桩，以阻溜直冲龙口，致使水流向原河槽下泄。在分水桩前再打1排太平桩，防止冬季施工期冰凌撞击，并以铁丝牵制分水桩。在龙口打桩5排，形成4条巷道，桩长11 m、入土5 m。桩顶用粗绳缠牢，短木绞紧，再系横木，垂直于水流向以螺栓、铁钉扣牢，然后加铺面板，构成工作桥，以满足施工抛放草埽、麻袋、土包需要。麻袋装沙并加缝口，草埽用散草和绳索捆成，每个加土50余 kg，略成球状，草绳纵横交织，俗称土球，用于合龙闭气。在抛泥埽前，先抛土球层使底面略平一些。

（6）合龙。合龙前用土料装好麻袋8万个，土球10万个，并备好工具和材料，组织壮劳力5 000余人。抛放时，在4个巷道的上游一齐抛填泥埽及土球，其下游巷道抛填沙袋。合龙的紧要关头，鸣锣击鼓，一鼓作气，经过半天施工就截断了水流。由于口门当时漏水严重，又加抛沙袋、土球，并在临水面作戗堤，直至完全断流闭气。此外，为了抬高口门下游水位，减少合龙时龙口水位差，合龙前在龙口下游溃口冲成的两个岔道之一的南岔上，打桩下埽，筑一处堵坝，作为合龙的辅助措施。

240

# 参 考 文 献

[1] 钱正英.中国水利[M].北京:水利电力出版社,1991.

[2] 水利部黄河水利委员会,黄河防汛抗旱总指挥部办公室.防汛抢险技术[M].郑州:黄河水利出版社,2000.

[3] 黄河水利委员会.防汛抢险技术手册[M].1988.

[4] 山东省地方史志编纂委员会.山东省志黄河志[M].山东:山东人民出版社,1992.

[5] 山东省地方史志编纂委员会.山东省志黄河志[M].山东:山东人民出版社,2012.

[6] 万海斌.抗洪抢险成功百例[M].北京:中国水利水电出版社,2000.

[7] 水利部建设与管理总站,黄河水利科学研究院,河南黄河勘测设计研究院.病险水闸除险加固技术指南[M].郑州:黄河水利出版社,2009.

[8] 李希宁,杨晓方,解新勇.黄河基本知识读本[M].山东:山东省地图出版社,2010.

[9] 林益冬,孙保沭,林丽蓉.工程水文学[M].南京:河海大学出版社,2003.

[10] 芮孝芳.水文学原理[M].北京:中国水利水电出版社,2004.

[11] 叶守泽.气象与洪水[M].武汉:武汉水利电力大学出版社,1999.

[12] 黄河防汛抗旱总指挥部办公室.2010年黄河中下游洪水调度方案.2010.

[13] 水利电力部黄河水利委员会.黄河埽工[M].北京:中国工业出版社,1963.

[14] 黄淑阁,王震宇,王英,等.黄河堤防堵口技术研究[M].郑州:黄河水利出版社,2006.

[15] 陈银太,朱太顺,周景芍.黄河堤防汛期堵口总体方案和组织实施研究[J].人民黄河,2003,25(3):5-6.

[16] 解放军陆军第二十七集团军司令部.钢木土石组合坝封堵决口技术应用研究报告[R].1998.

[17] 中国人民解放军驻河北51002部队.钢木土石组合坝堵口技术[J].水利水电科技进展,1999(1):114-115.

[18] 毛昶熙,等.堤防工程手册[M].北京:中国水利水电出版社,2009.

[19] 中华人民共和国水利部.GB 50286—2013堤防工程设计规范[S].北京:中国计

划出版社,2013.

[20] 董哲仁. 堤防抢险实用技术[M]. 北京:中国水利水电出版社,1999.

[21] 张仰正,等. 山东黄河防汛[M]. 北京:中国社会科学出版社,2008.

[22] 王运辉. 防汛抢险技术[M]. 武汉:武汉水利电力大学出版社,1999.

[23] 国家防汛抗旱总指挥部办公室. 江河防汛抢险实用技术图解[M]. 北京:中国
　　水利水电出版社,2003.

[24] 姚乐人. 江河防洪工程[M]. 武汉:武汉水利电力大学出版社,1999.